Kitty Ferguson

DAS UNIVERSUM
DES
STEPHEN W. HAWKING

Aus dem Englischen von
Hans-Jürgen Pohle

Kitty Ferguson

DAS UNIVERSUM DES STEPHEN W. HAWKING

Eine Biographie

ECON Verlag

Düsseldorf · Wien · New York · Moskau

Titel der amerikanischen Originalausgabe: Stephen Hawking. Quest for a Theory of the Universe. Originalverlag: Franklin Watts, New York. Übersetzt von Dr. Hans-Jürgen Pohle, Cambridge. Copyright © 1991 by Kitty Ferguson.

Sämtliche Zeichnungen im Text: Vantage Art. Abb. 4.5 erscheint mit freundlicher Genehmigung von Clifford Will, Abb. 7.9 mit freundlicher Genehmigung von John Wheeler, Abb. 9.1 mit freundlicher Genehmigung von Andrew Dunn.

Die Deutsche Bibliothek – CIP-Einheitsaufnahme

Ferguson, Kitty: Das Universum des Stephen W. Hawking: Eine Biographie / Kitty Ferguson. [Aus dem Engl. von Hans-Jürgen Pohle]. – Düsseldorf; Wien; New York; Moskau: ECON Verl., 1992. Einheitssacht.: Stephen Hawking ‹dt.›. ISBN 3-430-12664-9.

Für Yale

Die Autorin möchte sich bei Stephen Hawking für die
Zeit und Geduld bedanken, die er dafür aufbrachte, ihr
seine Theorien verständlich zu machen.
Sie ist aber auch folgenden Personen für ihre Hilfe und
für das Lesen und Prüfen einzelner Abschnitte des
Buches dankbar:
Larry F. Abbott, James Bardeen, Sidney Coleman,
Paul Davies, Bruce DeWitt, Yale Ferguson,
Matthew Fremont, Don Page, Joanna Sanferrare,
Herman Vetter und Tina Vetter und
John A. Wheeler.
Für eventuelle Fehler in diesem Buch fühlt sich die
Autorin selbst verantwortlich.

Inhalt

1

»Die größte Frage
aller Wissenschaft«

In der englischen Stadt Cambridge gibt es eine schmale Gasse, die Free School Lane. Sie beginnt an der im 11. Jahrhundert erbauten St.-Benedicts-Kirche, an deren Friedhofzaun heute Fahrräder lehnen und Blumen und allerlei Gestrüpp ranken. Nach einer Mauer aus schwarzen, groben Steinen mit schmalen Fenstern, der Rückseite des Corpus Christi College aus dem 14. Jahrhundert, wird die Gasse breiter. Und dort, jenseits der Straße, an einem gotischen Torweg, hängt ein Schild mit der Aufschrift: »The Cavendish Laboratory«.

Andere Durchgänge in Cambridge führen zu herrlichen alten Höfen, nicht so der Torweg des »Old Cavendish«. Von dem alten Kloster, das hier im 12. Jahrhundert stand, und den blühenden Gärten, die später seine Ruinen bedeckten, ist nichts erhalten geblieben. Statt dessen gibt es dort nur mehr grauen Asphalt und öde, fabrikähnliche Gebäude; die rechte Atmosphäre für ein Gefängnis.

Und doch befand sich hier, bevor die Universität Cambridge das »New« Cavendish-Laboratorium errichtete, ein Jahrhundert lang eines der wichtigsten physikalischen Forschungszentren der Welt. In diesem Gebäude entdeckte »J. J.« Thomson das Elektron; Ernest Rutherford erforschte die Struktur des Atoms ... Man könnte diese Liste noch lange fortführen.

Und hier, im steilen Rund des Cockcroft-Hörsaals, saßen

am 29. April 1980 Wissenschaftler und Würdenträger der Universität und blickten auf eine Tafel und eine darüber aufgezogene Projektionsleinwand. Anlaß war die Einführungsvorlesung des neuen Lucasischen Professors für Mathematik, des 38jährigen Mathematikers und Physikers Stephen William Hawking.

Der Titel der Vorlesung lautete: »Ist das Ende der theoretischen Physik in Sicht?«, und Hawking verunsicherte seine Zuhörer, indem er verkündete, genauso sei es. Er lud sie ein, ihn auf einer phantastischen Reise durch Raum und Zeit zu begleiten – immer auf der Suche nach dem Heiligen Gral der Wissenschaft; einer Theorie, die das Universum und alles, was sich in ihm ereignet, erklärt.

Stephen Hawking saß still in einem Rollstuhl, während einer seiner Studenten seine Vorlesung vor dem versammelten Auditorium verlas. Seinem Äußeren nach zu urteilen, schien Hawking nicht gerade der ideale Anführer einer abenteuerlichen Reise. Doch für ihn ist die theoretische Physik eine große Flucht aus einem Gefängnis, grausamer als alles, an das man angesichts des alten Cavendish-Laboratoriums denken mag: Seit etwa seinem zwanzigsten Lebensjahr lebt er mit einer fortschreitenden Behinderung und der Aussicht auf einen baldigen Tod. Hawking leidet an amyotrophischer Lateralsklerose. Zwar schreitet die Krankheit in seinem Fall relativ langsam fort, aber zu der Zeit, als er den Lucasischen Lehrstuhl übernahm, war er schon nicht mehr in der Lage, zu gehen, zu schreiben, selbst zu essen oder seinen Kopf zu heben, wenn er nach vorn gekippt war. Seine Aussprache war so undeutlich, daß ihn nur mehr seine engsten Bekannten verstanden. Für seine Lucasische Vorlesung hatte er den Text zuvor mühsam diktiert, so daß ein Student ihn vorlesen konnte. Hawking war und ist jedoch keineswegs arbeitsunfähig. Er ist ein äußerst aktiver, exzellenter Mathematiker und Physiker, für einige der brillanteste seit Einstein. Und der Lucasische Lehrstuhl ist eine ruhmreiche Position, die einstmals Sir Isaac Newton innehatte.

Es war eine typische Hawkingsche Keckheit, seine herausragende Professur damit zu beginnen, das Ende seines eigenen Arbeitsgebietes vorherzusagen. Seiner Ansicht nach, so erklärte er, sei es gut möglich, daß man die »vollständige, schlüssige und einheitliche Theorie der physikalischen Wechselwirkungen« (im folgenden kurz »vollständige einheitliche Theorie«) noch vor Ende dieses Jahrhunderts finden werde. Und dann werde nur mehr wenig für theoretische Physiker wie ihn selbst zu tun sein. Seit dieser Vorlesung glauben viele Wissenschaftler, Hawking sei der Wegbereiter auf der Suche nach der Theorie, die das Universum erklärt. Aussichtsreichster Kandidat für die vollständige einheitliche Theorie war seiner Auffassung nach jedoch keine seiner eigenen Theorien, sondern »N = 8-Supergravitation«, eine Theorie, von der viele Physiker hofften, sie würde alle Teilchen und Grundkräfte vereinen.

Hawking betonte, seine Arbeit sei nur Teil eines viel größeren Bildes, das von Physikern der ganzen Welt zusammengefügt wird, und eines sehr alten dazu: denn die Sehnsucht, das Universum zu verstehen, sei so alt wie der Mensch selbst. Seit jener Zeit, als wir bemerkten, daß es Regelmäßigkeiten in der Natur gibt, hätten wir versucht, sie mit Hilfe von Mythen, Religion und später in der Mathematik und den Naturwissenschaften zu erklären. Möglicherweise sind wir dem Verstehen des Gesamtbildes kaum näher gekommen als unsere ältesten Vorfahren – aber die meisten von uns, so auch Stephen Hawking, glauben an einen Fortschritt.

Stephen Hawking hält es nicht für sinnvoll, daß jemand eine Biographie über ihn schreibt. Daher wird dieses Buch Ihnen zwar viel über sein Leben und seine Person erzählen, aber es ist doch keine Biographie im üblichen Sinne. Und tatsächlich würden Sie auch wenig aus einer reinen »Biographie« über Hawking erfahren. Um ihn auch nur ein bißchen verstehen zu können, muß man zumindest ein wenig von seiner Wissenschaft begreifen und seine Begeisterung teilen können. Als ich im Dezember 1989 und im Juni 1990 mit ihm sprach, verwendeten wir die meiste Zeit für den wissenschaftlichen Teil dieses Buches. Seiner Ansicht nach ist das, was Sie über ihn wissen sollten, seine wissenschaftliche Theorie.

Dieses Buch ist voller Paradoxien. In der Wissenschaft und bei Menschen sind die Dinge oft nicht das, was sie scheinen, und Teile, die zusammenpassen müßten, passen keineswegs. Sie werden erfahren, daß Anfänge Enden sein und daß grausame Lebensumstände zum Glück führen können, bei Ruhm und Erfolg ist das nicht gesagt . . . Die Zusammenfassung von zwei großartigen wissenschaftlichen Theorien ergibt – Unsinn; leerer Raum ist nicht leer; Schwarze Löcher sind nicht schwarz . . . Und ein Mann, dessen körperliche Erscheinung uns schockiert und unser Mitgefühl hervorruft, führt uns lachend dorthin, wo die Grenzen von Raum und Zeit sein sollten – aber nicht sind. Gleichgültig, wohin wir den Blick in unserem Universum auch wenden, wir stellen fest, daß die Realität erstaunlich komplex und unfaßbar ist, manchmal fremdartig, nicht immer leicht zu verkraften und niemals vorauszusagen. Kann irgendeine wissenschaftliche Theorie wirklich das alles erklären?

2

»Unser Ziel ist kein geringeres als eine vollständige Beschreibung des Universums, in dem wir leben«

Stellen Sie sich vor, Sie hätten unser Universum noch nie gesehen. Gibt es eine Reihe von Regeln, die so vollständig sind, daß Sie mit ihrer Hilfe – indem Sie sie studieren – unser Universum wirklich begreifen könnten? Und wenn ja, könnte man sich im Laufe eines Lebens alle diese Regeln aneignen? Viele Physiker glauben, es würde viel weniger Zeit kosten. Sie denken, daß das Regelbuch recht dünn ist und ziemlich einfache Regeln enthält, daß es vielleicht sogar nur ein einziges Prinzip ist, welches hinter allem steht, was sich jemals ereignet hat, sich in der Gegenwart ereignet und sich irgendwann in unserem Universum ereignen wird. Stephen Hawking glaubt, daß dieser Satz von Regeln – eben die vollständige einheitliche Theorie – im Bereich unserer Möglichkeiten liegen könnte.

Bei Ausgrabungen in den Ruinen der antiken Stadt Ur in Mesopotamien bargen Archäologen ein außergewöhnlich schönes Brett mit Einlegearbeiten sowie einige kleine Figuren. Es ist offensichtlich, daß es sich dabei um ein Spiel handelt, aber die Regeln, nach denen es gespielt wird, kennen wir nicht. Wir können sie nur von der Gestaltung des Brettes und der Figuren ableiten.

Mit dem Universum ist es ähnlich; es ist ein großartiges, elegantes, mysteriöses Spiel. Sicher gibt es auch hier Regeln, aber noch hat sie uns niemand erklärt. Andererseits ist das Universum kein hübsches Relikt aus längst vergangenen Zeiten wie das in Ur gefundene Brettspiel. Das Spiel des Universums ist in vollem Gange. Und samt allem, was wir darüber wissen (Vieles wissen wir nicht), befinden wir uns mittendrin. Falls es eine vollständige, einheitliche Theorie gibt, müssen wir, ebenso wie alles andere im Universum, den ihr zugrunde liegenden Prinzipien folgen, sogar während wir versuchen, sie zu erkennen.

Vielleicht glauben Sie, daß die vollständigen, ungekürzten Regeln des Universums eine gewaltige Bibliothek füllen müßten. Dort gäbe es dann eigene Regeln dafür, wie sich die Himmelskörper bilden und bewegen, für die Beziehung der Menschen untereinander, für die Wechselwirkung subatomarer Teilchen, für das Gefrierverhalten des Wassers, das Wachstum der Bäume, das Bellen der Hunde – komplizierte Regeln innerhalb anderer Regeln und wieder anderer Regeln. Wie sollte man sie jemals alle auf einige wenige Prinzipien reduzieren?

Tatsächlich hat die Wissenschaft im Verlauf der Jahrhunderte jedoch herausgefunden, daß die Natur häufig weniger kompliziert ist, als es zunächst scheint. Die Idee, daß sich vieles auf etwas bemerkenswert Einfaches gründet, ist weder neu noch abwegig.

Richard Feynman, der amerikanische Physiker und Nobelpreisträger, hat das grundlegende Muster, nach dem sich dieser Prozeß abspielt, erklärt. Er erinnert an eine Zeit, als es etwas gab, das wir Bewegung nannten, etwas anderes, das wir als Wärme, und ein drittes, das wir als Schall bezeichneten. »Aber bald nachdem Sir Isaac Newton die Gesetze der Bewegung erklärt hatte, entdeckte man«, so Feynman, »daß einige dieser offensichtlich so verschiedenen Dinge nur verschiedene Aspekte ein und derselben Sache waren. Zum Beispiel konnte das Phänomen des Schalls vollständig als Bewegung der Moleküle in

14

der Luft verstanden werden. Der Schall wurde nicht mehr länger als etwas Zusätzliches zur Bewegung angesehen. Eine ähnliche Erkenntnis brachte die Entdeckung, daß sich Wärme leicht aus den Bewegungsgesetzen heraus verstehen läßt. So werden also große Bereiche physikalischer Theorie zu einer einfacheren Theorie zusammengefaßt.«[1]

Die Regeln hinter den Regeln

Alle Dinge dieser Welt – Menschen, Luft, Eis, Planeten, Gas, Mikroben, dieses Buch – bestehen aus winzig kleinen Bausteinen, den Atomen. Atome wiederum setzen sich aus kleineren Teilchen, die man als Elementarteilchen bezeichnet, und viel leerem Raum zusammen. Und auch einige der Elementarteilchen bestehen wiederum aus noch kleineren Teilchen.

Die meistverbreiteten Teilchen sind die Protonen und die Neutronen im Kern des Atoms sowie die Elektronen, die um diesen Kern kreisen. Materieteilchen (sie gehören zur Gruppe der *Fermionen*) verfügen über eine Art gemeinsames Nachrichtensystem, und die ausgetauschten Botschaften veranlassen sie, auf eine bestimmte Weise zu reagieren. Es mag an dieser Stelle hilfreich sein, sich eine Gruppe von Menschen vorzustellen, die über die Nachrichtensysteme Telefon, Telefax, Briefverkehr und Brieftauben verfügen. Jeder von ihnen würde sich dieser vier Dienste in ganz unterschiedlicher Weise bedienen und den anderen Nachrichten zukommen lassen; die gegenseitige Beeinflussung wäre jeweils sehr unterschiedlich. Ganz ähnlich ist es mit dem Nachrichtensystem der Fermionen, das ebenfalls aus vier »Diensten« besteht, die wir *Kräfte* nennen wollen. Es gibt andere Teilchen, die diese Nachrichten zwischen den Fermionen und auch untereinander weitertragen, sogenannte »Botenteilchen« oder *Bosonen.* Jedes Teilchen im Universum ist entweder ein Fermion oder ein Boson.

Eine der vier Kräfte ist die *Gravitation.* Sie können sich diese Anziehungskraft, die Sie auf der Erde festhält, als »Botschaften« vorstellen. Sie werden von den *Gravitonen* zwischen den Bestandteilen der Atome Ihres Körpers und denen der Erde vermittelt und sagen diesen Teilchen, sie sollen näher aneinanderrücken. Eine zweite Kraft, die *elektromagnetische,* entspricht Botschaften, die von Bosonen, *Photonen* genannt, zwischen den Protonen im Kern des Atoms und den Elektronen in der Atomhülle sowie zwischen den Elektronen untereinander vermittelt werden. Sie veranlassen die Elektronen, den Kern zu umkreisen. In unseren Maßstäben – um ein Vielfaches größer als die der Atome – zeigen sich Photonen als Licht. Eine dritte Botschaft, die *starke Kraft,* sorgt dafür, daß der Kern der Atome zusammenhält. Eine vierte, die *schwache Kraft,* ruft den Zerfall der Atomkerne und damit die Radioaktivität hervor.

Das Wirken dieser vier Kräfte ist verantwortlich für alle Botschaften, die unter den Fermionen im Universum ausgetauscht werden, und für alle Wechselwirkungen zwischen ihnen. Ohne diese vier Kräfte wäre jedes Fermion (jedes Materieteilchen), falls es überhaupt existieren würde, völlig isoliert und in keiner Weise fähig, andere zu beeinflussen. Es würde von keinem anderen bemerkt. Um es noch deutlicher zu sagen: Was immer *ohne* die Vermittlung dieser vier Kräfte geschehen sollte, würde niemals geschehen. Das volle Verständnis dieser Kräfte wiederum würde es uns ermöglichen, die Grundprinzipien von allem zu verstehen, was in unserem Universum geschieht. Und immerhin besitzen wir nun bereits ein bemerkenswert einfaches Buch von Grundregeln.

Einen großen Teil ihrer Arbeit haben die Physiker in diesem Jahrhundert darauf verwandt, mehr über das Agieren und Zusammenwirken dieser vier Naturkräfte zu erfahren. Zu unserem menschlichen Nachrichtensystem könnten wir beispielsweise feststellen, daß Telefon und Fax nicht zwei verschiedene Dienste sind, sondern ein und derselbe, der sich auf zweierlei Weise zeigt. Diese Entdeckung »vereinheitlicht« die beiden Dienste. In ähnlicher Weise haben Physiker mit einigem Erfolg versucht, die Kräfte zu vereinheitlichen. Sie hoffen letztendlich, eine Theorie zu finden, nach der alle vier Kräfte als verschiedene Aspekte einer Art »Superkraft« erscheinen und die ebenso Fermionen und Bosonen zu einer einzigen Familie zusammenfaßt. Man spricht in diesem Zusammenhang von einer vereinheitlichten Theorie.

Eine Theorie, die das Universum erklärt, eben die vollständige einheitliche Theorie, muß einen Schritt weitergehen und folgende Frage beantworten: Wie war das Universum beschaffen in dem Moment, als es entstand, bevor je Zeit vergangen war? Physiker formulieren die Frage so: Was waren die »Anfangsbedingungen« oder »Randbedingungen« zu Beginn des Universums? (Der Begriff »Randbedingungen« kann sich auch auf die Verhältnisse an irgendeinem anderen »Rand« des Universums beziehen: auf das Ende des Universums beispielsweise oder auf den Mittelpunkt eines Schwarzen Loches.) Ein vollständiges Verständnis der »Superkraft« könnte uns auch das Verstehen der Randbedingungen ermöglichen. Es könnte aber auch sein, daß wir die Randbedingungen verstehen müssen, bevor wir die Superkraft begreifen können. Beides ist untrennbar miteinander verbunden. Die Theoretiker nähern sich der vollständigen einheitlichen Theorie deshalb von beiden Seiten.

Einige sprachliche Grundbegriffe

Es gibt einige Begriffe, die Ihnen vertraut sein sollten, bevor wir fortfahren.

Zunächst: Wenn Physiker das Wort »voraussagen« benutzen, dann meinen sie das nicht im Sinne von »die Zukunft vorhersagen«. Die Frage: »Sagt diese Theorie die Lichtgeschwindigkeit voraus?« fragt nicht danach, ob uns die Theorie erklärt, wie groß die Geschwindigkeit nächsten Dienstag ist. Sie bedeutet vielmehr: Würde es diese Theorie ermöglichen, die Geschwindigkeit des Lichtes zu bestimmen, ohne sie zu messen?

Auch die Bedeutung des Wortes »Theorie« sollten wir uns noch einmal klarmachen. Eine Theorie ist nicht die Wahrheit, ist keine Regel, kein Fakt und auch keine endgültige Aussage über etwas. Denken Sie bei einer Theorie an ein Spielzeugboot. Um herauszufinden, ob es funktioniert, setzen Sie es ins Wasser und probieren es aus. Wenn es sinkt, basteln Sie ein neues Boot.

Einige Theorien sind gute Boote. Sie schwimmen eine lange Zeit. Wir wissen, daß sie möglicherweise ein paar Löcher haben, aber sie funktionieren bestens, wann immer wir uns ihrer bedienen. Einige Theorien sind so hilfreich und in Experiment und Praxis so gut erprobt, daß wir beginnen, sie für wahr zu halten. Wissenschaftler, denen bewußt ist, wie komplex und erstaunlich unser Universum ist, sind extrem vorsichtig, Theorien als Wahrheit zu betrachten. Obwohl einige Theorien durch eine Menge experimenteller Erfolge gestützt werden und andere kaum mehr als ein Schimmer im Auge eines Theoretikers sind – brillant konstruiert, aber nie zu Wasser gelassen –, wäre es falsch, irgendeine von ihnen für die absolute wissenschaftliche »Wahrheit« zu halten.

In »Eine kurze Geschichte der Zeit« schreibt Stephen Hawking, daß er von der »einfachen Auffassung« ausgehen wird, daß »eine wissenschaftliche Theorie aus einem Modell des Universums oder eines seiner Teile sowie aus einer Reihe von Regeln besteht, die Größen innerhalb des Modells in Beziehung zu unseren Beobachtungen setzen. Eine Theorie existiert nur in unserer Vorstellung und besitzt keine andere Wirklichkeit (was immer das bedeuten mag).«[2]

Zum besseren Verständnis dieser Definition hier noch einige Beispiele: Wenn Hawking bei einer Vorlesung seinen Assistenten einen Pappzylinder auf den Tisch stellen läßt und sagt: »Hier haben wir das Universum«, dann zeigt er seinen Zuhörern ein Modell des Universums. Natürlich muß ein Modell nicht immer ein Pappzylinder oder eine Zeichnung sein, also etwas, das wir sehen und anfassen können. Es kann ebenso ein geistiges Bild oder eine Geschichte sein. Und auch mathematische Gleichungen oder Mythen können als Modelle dienen.

Aber zurück zum Papierzylinder. Inwiefern gleicht er unserem Universum? Um ausgehend von ihm eine Theorie zu entwickeln, muß man uns erklären, wie das Modell zu dem in Verbindung steht, was wir um uns herum sehen, also zu unseren »Beobachtungen«, oder zu dem, was wir sehen könnten, wenn uns bessere Technologien zur Verfügung ständen. Wenn jemand ein Stück Pappe auf den Tisch stellt und uns sagt, wie es mit dem tatsächlichen Universum in Verbindung steht, bedeutet das allerdings keineswegs, daß irgend jemand es als *das* Modell des Universums betrachten sollte. Es beinhaltet nicht alles. Es ist eine Idee. Sie existiert nur in unseren Köpfen. Es könnte sich herausstellen, daß der Zylinder ein akkurates Modell ist, doch es könnte sich auch das Gegenteil erweisen. Wir könnten herausfinden, daß wir an einem Spiel teilnehmen, das sich um einiges unterscheidet von der Vorstellung, die wir durch das Modell gewonnen hatten. Würde das bedeuten, daß die Theorie »schlecht« ist? Nein, die Theorie kann sehr gut gewesen sein, man könnte von ihr viel lernen, indem man über sie nachdenkt, sie testet, verändert oder verwirft. Sie könnte die Wegbereiterin sein zu einem besseren Modell.

Was macht eine Theorie zu einer guten Theorie? Zitieren wir Hawking noch einmal: Sie muß »eine große Klasse von Beobachtungen auf der Grundlage eines Modells beschreiben, das nur einige wenige beliebige Elemente enthält, und sie muß bestimmte Voraussagen über die Ergebnisse künftiger Beobachtungen ermöglichen«.[3]

Isaac Newtons Theorie der Gravitation beispielsweise beschreibt eine sehr große Klasse von Beobachtungen. Sie beschreibt sowohl das Verhalten von Objekten, die auf die Erde herunterfallen oder geworfen werden, als auch die Bewegung der Planeten.

Es ist jedoch wichtig festzustellen, daß eine gute Theorie nicht nur auf Erfahrung gründen muß. Eine gute Theorie kann auch abenteuerlich sein, ein großer Gedankensprung. Im Grunde ist es »die Fähigkeit, solche intuitiven Gedankensprünge zu machen, die einen guten theoretischen Physiker charakterisiert«, sagt Hawking.[4] Allerdings sollte eine gute Theorie nicht im Widerspruch zu bereits Beobachtetem stehen, es sei denn, sie liefert eine überzeugende Erklärung für die Abweichungen.

Die Superstringtheorie, zur Zeit eine der aufregendsten

Theorien, sagt die Existenz von zehn Dimensionen voraus – eine Aussage, die zu unserer Erfahrung im Widerspruch steht. Wissenschaftler erklären diese Abweichung mit der Annahme, die zusätzlichen Dimensionen führten in so kleine Räume, daß wir sie nicht bemerken könnten.

Was meint Hawking mit »beliebigen Elementen«? Hier ein Beispiel: Sie haben zuvor erfahren, daß die elektromagnetische und die schwache Kraft zwei der vier Kräfte der Natur sind. Die Physiker kennen die Stärke jeder dieser Kräfte. Die »Theorie der elektroschwachen Wechselwirkungen«, die diese zwei vereinheitlicht, kann uns dagegen nicht sagen, wie man die unterschiedliche Stärke der beiden Kräfte berechnen kann. Der Unterschied in der Stärke ist also ein »beliebiges Element«, etwas, das die Theorie nicht voraussagt. Wir kennen den Unterschied jedoch aus Laborbeobachtungen und fügen ihn »per Hand« in die Theorie ein. Dieser Umstand wird als eine Schwäche der Theorie betrachtet.

Man sollte daraus nicht schlußfolgern, daß experimentelle Beobachtungen und gute Theorien nicht in Einklang zu bringen seien. Die letzte Forderung an eine gute Theorie ist nach Hawking immerhin, daß sie etwas über zukünftige Experimente voraussagen muß. Sie muß uns herausfordern, etwas zu verifizieren, und uns voraussagen, was wir zukünftig beobachten werden – falls die Theorie korrekt ist. Sie sollte uns auch sagen, welche Beobachtungen erweisen könnten, daß sie *nicht* korrekt ist. Zum Beispiel sagt Albert Einsteins Allgemeine Relativitätstheorie voraus, daß Lichtstrahlen von weit entfernten Sternen um einen bestimmten Winkel abgelenkt werden, wenn sie ein schweres Objekt, etwa unsere Sonne, passieren. Das ist eine Voraussage, die überprüft werden kann, und die Ergebnisse zeigen: Einstein hatte recht.

Nun ist es allerdings so, daß einige Theorien, einschließlich der meisten von Stephen Hawking, nicht mit den uns heute zur Verfügung stehenden Technologien überprüft werden können. Wir können das Universum nicht in seinen frühesten Stadien beobachten, um zu kontrollieren, ob der »Keine-Grenzen«-Vorschlag (siehe Kapitel 7) korrekt ist. Zur Frage, ob »Wurmlöcher« existieren oder nicht (siehe Kapitel 9), gibt es zwar einige Überprüfungsvorschläge, doch glaubt Hawking nicht, daß diese Experimente erfolgreich sein werden. Aber er beschreibt, was seiner Ansicht nach zu finden sein wird, wenn man jemals die zur Prüfung erforderliche Technologie haben sollte, und er ist überzeugt, daß seine Theorien mit den bisher angestellten Beobachtungen übereinstimmen.

Nun, nachdem wir diskutiert haben, was eine wissenschaftliche Theorie ist und was sie nicht ist, sind wir bereit für die nächste Frage: Wie würde eine Theorie aussehen, die das Universum erklärt?

Anforderungen an Kandidaten
für eine vollständige einheitliche Theorie

- Sie muß uns ein Modell liefern, das alle Kräfte und Teilchen vereinheitlicht.
- Sie muß die Frage beantworten: Welches sind die »Randbedingungen« des Universums, die Verhältnisse ganz am Anfang, noch bevor jegliche Zeit vergangen war?
- Sie darf nur wenige Möglichkeiten offenlassen. Sie muß »restriktiv« sein. Sie sollte zum Beispiel genau voraussagen, wie viele Arten von Teilchen es gibt. Falls sie hier andere Möglichkeiten offenläßt, muß sie die Tatsache,

daß genau dieses Universum existiert und kein anderes, auf eine andere Art erklären.

- Sie sollte auch nur wenige beliebige Elemente enthalten. Wir haben weiter oben erfahren, was das bedeutet. Später werden Sie in diesem Buch erfahren, daß Hawkings »Wurmloch«-Theorie bedeuten könnte, daß es keine Theorie ganz ohne beliebige Elemente gibt. Dennoch sollten wir nicht allzuoft die Natur befragen müssen. Paradoxerweise könnte die vollständige einheitliche Theorie selbst ein beliebiges Element sein. Einige Wissenschaftler erwarten von ihr auch eine Erklärung, warum es überhaupt eine Theorie oder irgend etwas gibt, das sie beschreiben kann. Sie würde aber nicht Stephen Hawkings Frage beantworten: »Warum muß sich das Universum all dem Ungemach der Existenz unterziehen?«[5]

- Sie muß ein Universum voraussagen, das so aussieht wie jenes, das wir beobachten, oder anderenfalls die Abweichungen davon überzeugend erklären können. Falls sie zum Beispiel voraussagt, daß die Lichtgeschwindigkeit nur zehn Meilen pro Stunde beträgt, oder die Existenz von Pinguinen oder Pulsaren verbietet, stellt sich ein Problem. Eine vollständige einheitliche Theorie muß einen Weg finden, um den Vergleich mit unseren Beobachtungen zu bestehen.

- Sie sollte einfach sein, obgleich sie eine enorme Komplexität zulassen muß. Der Physiker John Archibald Wheeler aus Princeton schreibt:

Hinter all diesem
ist sicher eine Idee, so einfach,
so schön,
so zwingend, daß –

in einem Jahrzehnt, einem Jahrhundert,
einem Jahrtausend –,
wenn wir sie gefunden haben,
wir einmal sagen werden:
Wie könnte es auch anders sein?
Wie konnten wir so lange
so dumm gewesen sein?[6]

Die tiefgründigsten Theorien wie Newtons Theorie der Gravitation und Einsteins Relativitätstheorie sind tatsächlich einfach in dem von Wheeler beschriebenen Sinne.

- Sie muß das Rätsel der Verbindung von Einsteins Allgemeiner Relativitätstheorie (eine Theorie, mit der wir die Gravitation erklären) mit der Quantenmechanik (eine Theorie, die wir benutzen, wenn wir über die übrigen drei Kräfte sprechen) lösen. Das ist die Herausforderung, die Stephen Hawking angenommen hat. Hier sei nur das Problem genannt; Sie werden es besser verstehen, wenn Sie später in diesem Kapitel über die Unschärferelation der Quantenmechanik und im 4. Kapitel über die Allgemeine Relativitätstheorie gelesen haben.

Einsteins Allgemeine Relativitätstheorie ist die Theorie über das Große und sehr Große – Sterne, Planeten, Galaxien zum Beispiel. Sie erklärt exzellent, wie Gravitation auf diesem Niveau wirkt.
Quantenmechanik ist die Theorie, die über die Kräfte der Natur als Nachrichten zwischen den Fermionen (Materieteilchen) Aussagen macht. Die Quantenmechanik enthält allerdings etwas sehr Frustrierendes, die *Unschärferelation:* Wir können niemals zur gleichen Zeit sowohl die *Posi-*

tion als auch die *Geschwindigkeit* (das genaue Tempo und die Richtung) exakt bestimmen. Trotz dieser Problematik erfüllt die Quantenmechanik jedoch exzellent ihre Aufgabe, die Verhältnisse auf dem Niveau des sehr Kleinen zu erklären.

Ein Weg, wie man diese zwei großartigen Theorien des zwanzigsten Jahrhunderts vereinen könnte, bestünde darin, auch Gravitation als einen Austausch von Botenteilchen zu verstehen, so wie es erfolgreich mit den drei anderen Kräften getan worden ist. Ein anderer Zugang ist, die Relativitätstheorie im Lichte der Unschärferelation neu zu überdenken.

Wenn wir Gravitation als einen Austausch von Botenteilchen verstehen, stellt sich ein Problem. Wir sagten, man könnte sich die Kraft, die einen auf der Erde festhält, vorstellen als einen Austausch von Gravitonen (Botenteilchen der Gravitation) zwischen den Materieteilchen im menschlichen Körper und den Materieteilchen, die die Erde bilden. Auf diese Weise erklärt man die Gravitation im Sinne der Quantenmechanik. Aber da all diese Gravitonen selbst wieder Gravitonen untereinander austauschen würden, ist das mathematisch ein verwirrendes Geschäft. Wir bekämen Unendlichkeiten, mathematischen Unsinn.

Physikalische Theorien können nicht wirklich mit Unendlichkeiten arbeiten. Wenn sie in anderen Theorien auftauchen, so nehmen die Theoretiker zu etwas Zuflucht, was sie »Renormierung« nennen. »So geschickt das Wort auch gewählt wurde«, schrieb der Physiker Richard Feynman, »eigentlich muß man dies als recht verrückten Vorgang bezeichnen!«[7] Feynmann mußte sich dieses Verfahrens bedienen, als er eine Theorie zur Erklärung der elektromagnetischen Kräfte entwickelte, und er war nicht besonders glücklich darüber. Der Prozeß beinhaltet die Entstehung weiterer Unendlichkeiten, die sich mit den ursprünglichen aufheben. Das klingt zwar eigenartig, aber in der Praxis scheint es zu funktionieren. Die resultierenden Theorien stimmen mit den Experimenten erstaunlich gut überein. Renormierung funktioniert im Fall des Elektromagnetismus, aber sie versagt im Fall der Gravitation. Die Unendlichkeiten bei der Gravitationskraft sind um vieles übler als jene bei der elektromagnetischen Kraft. Sie weigern sich zu verschwinden. Die Supergravitation, jene Theorie, über die Hawking in seiner Lucasischen Antrittsvorlesung sprach, und die Superstringtheorie, nach der die grundlegenden Bausteine des Universums keine punktartigen Teilchen, sondern kleine Fäden sind, haben hier einen erfolgversprechenden Fortschritt gebracht. Aber das Problem ist noch längst nicht gelöst.

Andererseits, was wäre, wenn wir der Quantenmechanik erlauben würden, in das Studium des sehr Großen einzudringen, in das Reich, in dem die Gravitation regiert? Was geschieht, wenn wir die Aussagen der Allgemeinen Relativitätstheorie über die Gravitation im Lichte dessen überdenken, was wir über die Unschärferelation wissen; jenes Prinzip, welches besagt, daß wir die Position und die Geschwindigkeit eines Teilchens nicht zur gleichen Zeit messen können? Würde das einen großen Unterschied machen? Wir werden erfahren, daß Hawkings Forschung in dieser Richtung bizarre Ergebnisse brachte: Schwarze Löcher sind nicht schwarz, und die »Randbedingungen« könnten lauten: Es gibt keine Ränder.

Weil wir gerade bei Paradoxien sind, hier ist noch eine andere: Leerer Raum ist nicht leer. Später in diesem Buch werden Sie erfahren, wie wir zu diesem Ergebnis kommen. Im Moment sollten wir uns damit zufriedengeben, daß die Unschärferelation bedeutet, daß der sogenannte leere

Raum von Teilchen und Antiteilchen wimmelt. (Aus der Science-fiction sind die Begriffe Materie/Antimaterie vertraut.)

Gleichzeitig erklärt uns die Allgemeine Relativitätstheorie, daß die Anwesenheit von Materie oder Energie die Raumzeit krümmt. Wir haben bereits ein Ergebnis dieser Krümmung erwähnt: die Ablenkung von Lichtstrahlen entfernter Sterne, wenn sie massive Körper, zum Beispiel die Sonne, passieren.

Diese beiden Punkte sollte man sich gut merken: (1) »Leerer« Raum ist mit Teilchen und Antiteilchen gefüllt. Alle zusammen haben sie einen gewaltigen Energiebetrag – eine unendliche Größe. (2) Die Anwesenheit dieser Energie krümmt die Raumzeit.

Verbinden wir diese beiden Gedanken, so ergibt sich die Konsequenz, daß sich das Universum zu einem kleinen Ball zusammenschließen müßte, doch dies war bisher offenbar nicht der Fall. Aussagen, die zugleich auf der Allgemeinen Relativitätstheorie und auf der Quantenmechanik basieren, sind furchtbar falsch. Beide, die Allgemeine Relativitätstheorie und die Quantenmechanik, sind außergewöhnlich gute Theorien, gehören zu den herausragendsten Geistesprodukten des zwanzigsten Jahrhunderts. Sie dienen nicht nur theoretischen Zwecken, sondern auch vielen praktischen Belangen. Aber dennoch, zusammen liefern sie Unendlichkeiten und Unsinn. Die vollständige einheitliche Theorie muß diesen Unsinn überwinden.

Die Vorhersage der Details

Stellen Sie sich noch einmal vor, Sie hätten unser Universum nie gesehen. Mit der vollständigen einheitlichen Theorie wären Sie theoretisch dennoch in der Lage, alle Ereignisse in diesem Universum vorherzusagen. Es wäre also möglich, daß Sie die Entstehung von Sonnen, Planeten, Galaxien, Schwarzen Löchern und Quasaren voraussagen könnten, aber könnten Sie auch den Sieger der Fußballmeisterschaft im nächsten Jahr voraussagen? Wie genau könnte eine solche Voraussage sein? Nicht besonders genau.

Die Berechnungen, die nötig wären, um alle Daten im Universum zu erfassen, sind lächerlich weit von der Kapazität jedes vorstellbaren Computers entfernt. Hawking

machte darauf aufmerksam, daß wir zwar die Gleichungen für die Bewegung zweier Körper in Newtons Gravitationstheorie lösen können, diejenige für drei Körper jedoch nicht, das heißt nicht exakt. Und das liegt nicht etwa daran, daß Newtons Theorie nicht für drei Körper geeignet wäre, sondern daran, daß die Berechnungen dafür einfach zu kompliziert sind. Das tatsächliche Universum – das braucht nicht weiter erläutert zu werden – besteht aus mehr als drei Körpern.

Ebenso sind wir nicht in der Lage, unseren Gesundheits-

zustand vorauszusagen, obgleich wir ausgesprochen viel über medizinische, chemische und biologische Vorgänge wissen. Wieder liegt das Problem darin, daß es Milliarden und aber Milliarden von Details in realen Systemen gibt – und das trifft ebenso zu, wenn dieses System nur ein einzelner menschlicher Körper ist.

Auch wenn wir die vollständige einheitliche Theorie kennen würden, wären wir also weit davon entfernt, alles vorhersagen zu können. Selbst dann, wenn die Grundprinzipien dieser Theorie einfach und gut verständlich sind, ist es dennoch extrem kompliziert, ihre Wirkung zu kalkulieren.

Es gibt einen Werbeslogan, der lautet: »A minute to learn, a lifetime to master« (»Eine Minute lernen, ein Leben lang beherrschen«). Selbst wenn man in Anlehnung daran »das Leben des Universums« – alle bisher verstrichene Zeit – fordern würde, um alles zu verstehen, so wäre dies noch immer eine lächerliche Untertreibung.

Wohin führt uns das? Die Mannschaft, die nächstes Jahr die Fußballmeisterschaft gewinnen wird, wäre mit Hilfe der vollständigen einheitlichen Theorie vorherzusagen, aber kein Computer kann die Daten dafür bereithalten oder gar die notwendigen Berechnungen ausführen. Ist das so richtig?

Es gibt ein weiteres Problem. Wir müssen nochmals zur Unschärferelation zurückkehren.

Die Verschwommenheit des sehr Kleinen

Auf dem Niveau des sehr Kleinen, dem Quantenniveau des Universums, begrenzt die Unschärferelation unsere Fähigkeit, Voraussagen zu treffen.

Die eigentümlichen, geschäftigen Bewohner der Quanten-welt, Fermionen und Bosonen, bilden einen beachtlichen Partikelzoo. Unter den Fermionen sind Elektronen, Proto-nen und Neutronen. Jedes Proton oder Neutron wiederum besteht aus drei Quarks, die ebenfalls zu den Fermionen zählen. Dann gibt es noch die Bosonen: Photonen (Boten der elektromagnetischen Kraft), Gravitonen (Schwer-kraft), Gluonen (starke Kraft) und W- und Z-Bosonen (schwache Kraft). Es wäre hilfreich zu wissen, wo sie und viele andere sich befinden, wohin und wie schnell sie sich dorthin bewegen. Können wir das herausfinden?

Sie haben sicher schon Darstellungen von Atomen wie jene in der Abbildung 2.1 gesehen. Das ist ein Modell, das von Ernest Rutherford (im Cavendish-Laboratorium in Cambridge) zu Beginn unseres Jahrhunderts vorgeschla-gen wurde. Es zeigt Elektronen, die den Atomkern umkrei-sen wie Planeten die Sonne.

Heute wissen wir, daß die Dinge auf Quantenniveau nicht wirklich so aussehen. Es ist nicht korrekt, die Bahnen der Elektronen so zu zeichnen, als wären Elektronen Planeten. Es wäre besser, sie als Wölkchen darzustellen, die sich in einigem Abstand vom Kern ballen und sich um ihn herum-bewegen. Warum so undeutlich, geht es nicht genauer?

Es ist die Unschärferelation, die das Leben auf Quantenni-veau zu einer verschwommenen, ungenauen Sache macht, und zwar nicht nur für Elektronen, sondern auch für alle anderen Teilchen. Um es noch einmal zu wiederholen: Gleichgültig, welche Methode wir wählen, wir können nie-mals sowohl die Geschwindigkeit (sie beinhaltet neben dem jeweiligen Tempo auch die Richtung) als auch die Position eines Teilchens zur selben Zeit exakt bestimmen. Je präziser wir seine Geschwindigkeit messen, desto weni-ger genau kennen wir seine Position und umgekehrt. Es ist fast wie bei einer Wippe: Je höher die Genauigkeit der einen Messung, desto niedriger die Genauigkeit der anderen. Nichts und niemand kann daran etwas ändern. Wenn wir die eine Messung verbessern, dann müssen wir gleichzeitig akzeptieren, daß die andere ungenauer wird. Immer, wenn wir die Quantenwelt genau unter die Lupe nehmen wollen, verursachen wir dieses Chaos.

So ist das Beste, was wir tun können, um das Verhalten eines Teilchens zu beschreiben, herauszufinden, welche Wege es einschlagen kann, und auszurechnen, wie wahrscheinlich die verschiedenen Bahnen im Vergleich zu anderen sind. Damit wird das Ganze zu einer Frage der Wahrscheinlichkeit. Letztendlich müssen wir uns mit Aussagen begnügen wie »Das Teilchen wird sich mit der Wahrscheinlichkeit X auf dem Weg Y bewegen« oder »Es wird sich mit der Wahrscheinlichkeit A zum Zeitpunkt B am Ort C befinden«. Doch auch solche Wahrscheinlichkeiten stellen durchaus nützliche Informationen dar.

In etwa sind diese Aussagen mit Wahlprognosen vergleichbar. Auch Wahlforscher rechnen mit Wahrscheinlichkeiten. Wenn sie das Abstimmungsverhalten einer ausreichend großen Stichprobe von Wählern kennen, können sie mit Hilfe von statistischen Methoden den Ausgang der Wahl voraussagen, ohne erst wissen zu müssen, wie jeder einzelne abstimmen wird. In ähnlicher Weise studieren Physiker in der Quantenphysik eine große Zahl möglicher Wege, denen die Teilchen folgen können. Die errechnete Wahrscheinlichkeit, daß die Teilchen diese oder jene Bahn einschlagen beziehungsweise daß sie sich an einem bestimmten Ort aufhalten, ist eine aussagekräftige Information.

Die Wahlexperten wissen, daß die Befragung einer Person ihr Verhalten beeinflussen kann, indem sie diese zum

Nachdenken anregt, und die Physiker müssen mit einem ähnlichen Dilemma leben. Auch Messungen auf Quantenniveau verändern das, was gemessen werden soll.

Bis hierher scheint der Vergleich zwischen Wahlprognosen und Aussagen in der Quantenphysik sehr treffend zu sein. Aber nun bricht er zusammen: Am Wahltag gibt nämlich jeder Wähler in dieser oder jener Weise definitiv seine Stimme ab, geheim, aber keineswegs ungenau. Wenn Wahlexperten versteckte Kameras in den Kabinen anbringen –

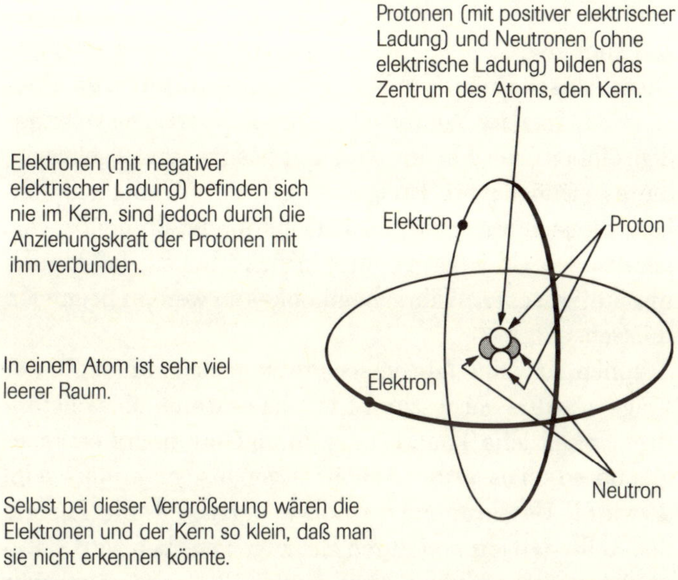

Protonen (mit positiver elektrischer Ladung) und Neutronen (ohne elektrische Ladung) bilden das Zentrum des Atoms, den Kern.

Elektronen (mit negativer elektrischer Ladung) befinden sich nie im Kern, sind jedoch durch die Anziehungskraft der Protonen mit ihm verbunden.

In einem Atom ist sehr viel leerer Raum.

Elektron

Proton

Elektron

Neutron

Selbst bei dieser Vergrößerung wären die Elektronen und der Kern so klein, daß man sie nicht erkennen könnte.

Abb. 2.1
Im Rutherfordschen Atommodell des Heliums kreisen die Elektronen um den Kern wie die Planeten um die Sonne. Wir wissen heute, daß die Bahnen der Elektronen aufgrund der Unschärferelation der Quantenmechanik nicht wirklich so genau definiert sind, wie diese Abbildung glauben machen könnte.

und deshalb nicht hinter Gittern landen – würden, könnten sie so durchaus herausfinden, wie jeder einzelne wählt. Ganz anders ist es in der Quantenphysik. Viele Physiker haben sich raffinierte Tricks ausgedacht, um die Teilchen unbemerkt zu beobachten, aber es war alles vergeblich. Offensichtlich erscheint die Welt der Elementarteilchen nicht etwa deshalb verschwommen, weil wir nicht klug genug sind, die richtigen Beobachtungsmethoden zu finden. Sie ist verschwommen.

Es ist kein Wunder, wenn Hawking in seiner Inauguralvorlesung die Quantenmechanik bezeichnet als »eine Theorie darüber, was wir nicht wissen und was wir nicht voraussagen können«.[8]

Diese Einschränkung in Betracht ziehend, haben die Physiker das Ziel der Wissenschaft umdefiniert: Die vollständige einheitliche Theorie wird eine Menge von Regeln sein, die es ermöglichen, Ereignisse mit der Wahrscheinlichkeit, die sich aufgrund der Unschärferelation ergibt, vorauszusagen. Und das bedeutet in vielen Fällen, daß wir uns mit statistischen Wahrscheinlichkeiten werden begnügen müssen.

Stephen Hawking faßt unser Problem zusammen. Zu der Frage, ob alles vorbestimmt ist, sei es durch die vollständige einheitliche Theorie oder durch Gott, meint er: Ja, er glaube, so sei es. »Aber es könnte genausogut anders sein, da wir die Bestimmung niemals kennen. Falls die Theorie feststellt, daß jemand durch Erhängen sterben wird, dann wird er nicht ertrinken. Aber man müßte schon furchtbar sicher sein, daß man für den Galgen bestimmt ist, um sich mit einem kleinen Boot auf stürmische See hinauszuwagen.«[9] Er betrachtet die Idee des freien Willens als eine »sehr angemessene Theorie vom menschlichen Verhalten«.[10]

34

Gibt es wirklich eine vollständige einheitliche Theorie?

Fairerweise sollte man erwähnen, daß nicht alle Physiker glauben, es gebe eine vollständige einheitliche Theorie, beziehungsweise daß andere die Auffassung vertreten, falls es sie gäbe, sei es unmöglich, sie zu finden. Einige glauben, die Wissenschaft werde unser Wissen zwar immer mehr vertiefen, aber dieser Prozeß werde sich so gestalten wie das Öffnen von Schachteln, die stets wiederum eine andere Schachtel enthalten, so daß man niemals tatsächlich die letzte Schachtel öffnet. Andere meinen, daß Ereignisse generell nicht vorhersagbar seien, sondern willkürlich auftreten. Und wieder andere glauben, Gott und den Menschen sei in der Schöpfung wesentlich mehr Freiheit des Handelns gegeben, als irgendeine »vollständige einheitliche Theorie« zugestehen würde. Sie ziehen lieber das Bild eines gewaltigen Orchesters heran: Obgleich die Noten vorgegeben sind, kann sich beim Spiel eine enorme Kreativität entfalten, die in keiner Weise vorherbestimmt ist.

Doch unabhängig davon, ob nun eine das gesamte Universum erklärende Theorie derzeit in Reichweite ist oder jemals sein wird – es gibt jedenfalls Menschen, die den Versuch machen wollen. Es sind unerschrockene Geschöpfe, angetrieben von unersättlicher Neugier. Einige von ihnen, wie Stephen Hawking, sind besonders schwer zu entmutigen. Ein anderer namhafter Physiker, Murray Gell-Mann vom California Institute of Technology, meinte einmal:

»Es ist das längste und größte Abenteuer in der Geschichte der Menschheit, diese Suche nach dem Verständnis des Universums, nach seinen Gesetzen und seinem Ursprung. Man kann sich fast nicht vorstellen, daß eine Handvoll

Bewohner eines kleinen Planeten, der einen unbedeutenden Stern in einer kleinen Galaxie umkreist, das Ziel hat, das ganze Universum vollständig zu verstehen; ein kleiner, winziger Teil der Schöpfung glaubt tatsächlich, er sei fähig zum Verstehen des Ganzen.«[11]

3

»Sie sollten nicht alles glauben, was Sie lesen«

1942–1965

Als Stephen Hawking zwölf Jahre alt war, schlossen zwei seiner Mitschüler eine Wette ab, in der es um seine Zukunft ging. Der eine von ihnen setzte eine Tüte Bonbons auf die Prognose, daß aus Stephen »nie etwas Vernünftiges werden würde«.

Der junge Stephen W. Hawking war kein Wunderkind. Es gibt zwar einige Berichte, wonach er bereits als Kind ganz außergewöhnlich klug war, nach Hawkings eigener Aussage jedoch war er ein ganz normaler englischer Schuljunge, der nur langsam lesen lernte und mit seiner Schrift die Lehrer zur Verzweiflung brachte. In seiner Klasse bewegte er sich immer nur im Mittelfeld, wenn er auch heute gern scherzhaft betont: »Es war aber auch eine sehr große Klasse.«[1] Es ist durchaus möglich, daß ihm der eine oder andere eine Karriere als Wissenschaftler oder Techniker prophezeite, denn Stephen war stets sehr daran interessiert, die Geheimnisse von Uhren oder Radios zu ergründen, also herauszufinden, wie sie arbeiten. Er nahm sie zu diesem Zweck gern auseinander; sie wieder zusammenzusetzen gelang ihm nur selten. Stephen war körperlich nie sehr geschickt und konnte sich kaum einmal für Sport und ähnliche Aktivitäten begeistern. Der Zwölfjährige, der nicht an einen späteren Erfolg von Stephen glaubte, hatte guten Grund, die Wette zu wagen.

Der andere Junge war vermutlich ein guter Freund, oder er hatte überhaupt eine Schwäche für langfristige Wetten. Vielleicht sah er aber auch, daß etwas Besonderes in Stephen steckte, das seine Lehrer, seine Eltern und Stephen selbst nicht wahrnahmen. Hoffen wir, daß er seine Tüte Bonbons eingefordert hat. Denn Stephen Hawking, dessen Leben so gewöhnlich begann, ist inzwischen einer der herausragendsten Köpfe unseres Jahrhunderts – und gleichzeitig eine seiner »Heldengestalten«. Wie es zu einer solchen Wandlung kommen konnte, ist ein Geheimnis, das mit biographischen Details nur ungenügend erhellt wird.

Stephen William Hawking wurde während des Zweiten Weltkriegs am 8. Januar 1942 in der englischen Stadt Oxford geboren. Es war ein Winter voller Mutlosigkeit und Angst, keine glückliche Zeit, um auf die Welt zu kommen. Hawking weist gerne darauf hin, daß er genau 300 Jahre nach dem Todestag Galileos, des »Urvaters der modernen Wissenschaft«, das Licht der Welt erblickte. 1942 allerdings dachten nur wenige Leute an Galileo.

Frank und Isobel Hawking, Stephens Eltern, waren nicht besonders wohlhabend. Frank war der Enkel eines reichen Farmers, der allerdings, als die englische Landwirtschaft zu Beginn des zwanzigsten Jahrhunderts in eine Krise geriet, sein ganzes Hab und Gut verlor. Isobel war das zweitälteste von sieben Kindern eines Hausarztes im schottischen Glasgow. Als Isobel zwölf Jahre alt war, zog ihre Familie nach Devon.

Für beide Familien war es nicht einfach, das Geld aufzubringen, um ihre Kinder nach Oxford zu schicken, doch beiden gelang es. Frank kam einige Zeit vor Isobel nach Oxford und wurde Facharzt für Tropenmedizin. Als der Krieg ausbrach, hielt er sich gerade in Ostafrika auf. Er reiste unverzüglich zurück nach England und meldete sich freiwillig zum Militärdienst. Anstatt der kämpfenden Truppe wurde er allerdings der medizinischen Forschung zugeteilt.

Isobel arbeitete nach ihrem Studium in Oxford in verschiedenen Berufen, unter anderem als Steuerprüferin. Sie haßte diesen Beruf jedoch so sehr, daß sie ihn schließlich aufgab und lieber als Sekretärin arbeitete – eine Entscheidung, die sich als glücklich erwies, denn dadurch lernte sie Frank Hawking kennen. Die beiden heirateten kurz nach Ausbruch des Krieges.

Im Januar 1942 lebten die Hawkings in Highgate, einer Vorstadt im Norden Londons. Damals verging in London kaum eine Nacht ohne Luftangriffe; die beiden großen englischen Universitätsstädte Oxford und Cambridge bombardierte die deutsche Luftwaffe dagegen nicht, denn Großbritannien hatte im Gegenzug versprochen, Heidelberg und Göttingen zu verschonen. Um ihr Baby in Sicherheit zur Welt bringen zu können, ging Isobel vorübergehend nach Oxford und kehrte erst nach Stephens Geburt nach Highgate zurück. Ihr Haus überstand den Krieg, obgleich einmal, als die Hawkings gerade nicht zu Hause waren, ein paar Häuser weiter eine V-2-Rakete einschlug und beträchtliche Zerstörungen anrichtete.

Nach dem Krieg lebte die Familie noch einige Jahre in Highgate. 1950 – Stephen war damals acht Jahre alt – wurde Dr. Hawking zum Leiter der Abteilung Parasitologie am National Institute for Medical Research ernannt. Die Hawkings zogen deshalb nach St. Alban's, eine kleine Stadt nördlich von London, deren abwechslungsreiche Geschichte bis in die Zeiten der römischen Vorherrschaft zurückreicht.

Stephen hat zwei Schwestern, Mary und Philippa, und einen Bruder namens Edward, der dreizehn Jahre nach Stephen geboren wurde. Es war eine Familie, die stets zusammenhielt. Ihr Zuhause war voll von Büchern, denn Frank und Isobel legten großen Wert auf Bildung. Sie beschlossen, daß Stephen mit elf Jahren nach Westminster gehen sollte, jene angesehene Privatschule im Herzen Londons. Frank Hawking war nämlich überzeugt, daß seine eigene Karriere anders verlaufen wäre, wenn seine Eltern nicht arm gewesen wären und er eine angesehene Schule besucht hätte. Stephen sollte es besser ergehen.

Unglücklicherweise wurde Stephen kurz vor der Aufnahmeprüfung für Westminster krank, und so besuchte er dann doch nur die Schule im Schatten der Kathedrale von St. Alban's. Er selbst glaubt allerdings, daß die Ausbildung dort mindestens genausogut war wie jene, die er in Westminster erhalten hätte.

Bereits im Alter von neun Jahren dachte Stephen ernsthaft daran, Naturwissenschaftler zu werden. Es schien ihm, als könnte er mit Hilfe der Wissenschaft die Wahrheit herausfinden, und zwar nicht nur über Uhren und Radios, sondern auch über alles andere um ihn herum. Frank Hawking ermunterte seinen Sohn, ebenfalls Medizin zu studieren, aber Stephen empfand alles, was mit Biologie zu tun hatte, als zu ungenau. Biologie war seiner Ansicht nach geeignet, um Dinge zu beobachten und zu beschreiben, nicht jedoch, um sie von Grund auf zu erklären. Außerdem hätte er in dieser Disziplin auch detaillierte Zeichnungen anfertigen müssen, und das lag ihm überhaupt nicht. Stephen wollte nach exakten Antworten suchen und zu den Wurzeln aller Dinge vordringen. Wenn er schon damals etwas über Molekularbiologie gewußt hätte, wäre seine Karriere allerdings vielleicht anders verlaufen.

Das britische Bildungssystem ermöglicht es den Schülern, zunächst ein breites Fachgebiet zu wählen und sich im Lauf der Zeit immer mehr zu spezialisieren. Während des eigentlichen Studiums an der Universität, das nur drei Jahre dauert, studieren sie dann nur noch eine einzige Fachrichtung.

Mit vierzehn Jahren wußte Stephen, womit er sich beschäftigen wollte: mit »Mathematik, noch mehr Mathematik und dazu Physik«. Sein Vater hielt das für nicht besonders klug und wandte ein, mit Mathematik könnte man eigentlich nur den Lehrberuf ergreifen. Darüber hinaus wollte er, daß sein Sohn so wie er selbst in Oxford studierte, und Mathematik wurde dort nun mal nicht angeboten. Stephen folgte dem Rat seines Vaters und lernte Chemie, Physik und nur ein wenig Mathematik, um sich auf die Aufnahmeprüfung in Oxford vorzubereiten.

Als Jugendlicher war Stephen eine Zeitlang fasziniert von allem, was mit übersinnlichen Kräften zu tun hatte. Er und seine Freunde versuchten beispielsweise, Würfel mit ihren Gedanken zu beeinflussen. Sein Interesse wandelte sich allerdings in angewiderte Ablehnung, nachdem er eine Vorlesung eines Wissenschaftlers besucht hatte, der sich mit seinen Experimenten zur Erforschung übersinnlicher Kräfte an der Duke University in den Vereinigten Staaten einen Namen gemacht hatte.

Er erklärte seinen Zuhörern, immer, wenn ein Experiment zu einem positiven Ergebnis geführt habe, sei das Experiment fehlerhaft gewesen. War hingegen die Methode korrekt, habe man kein positives Ergebnis bekommen. Stephen zog daraufhin die Schlußfolgerung, daß alles, was mit übersinnlichen Kräften zu tun hat, ein Betrug sei, und

41

seine Skepsis gegenüber angeblichen parapsychologischen Phänomenen hat sich seither nicht mehr geändert. Seiner Ansicht nach sind Leute, die an Übersinnliches glauben, auf einem Niveau stehengeblieben, auf dem er sich mit fünfzehn Jahren befunden hat.

Schüler, die nicht über das Mittelfeld hinauskommen, werden selten in Oxford angenommen, es sei denn, jemand zieht hinter der Bühne einige Fäden. Stephens glanzlose Vorstellung in der Secondary School gab Frank Hawking guten Grund zu glauben, auch er sollte sich langsam an seinen Einfluß hinter den Kulissen erinnern. Doch er hatte seinen Sohn unterschätzt. Bei der Aufnahmeprüfung waren Stephens Physiknoten kaum zu übertreffen, und bei seinem Aufnahmegespräch in Oxford hinterließ er einen so guten Eindruck, daß alle Bedenken ausgeräumt waren.

1959, im Alter von siebzehn Jahren, ging Hawking nach Oxford, um Naturwissenschaften mit dem Schwerpunkt Physik zu studieren. In dieser Zeit begann er, Mathematik nicht mehr als Selbstzweck, sondern als Werkzeug zu betrachten, als ein Hilfsmittel für das Studium physikalischer Phänomene und der Gesetze des Universums.

Er begann also, an jenem University College zu studieren, das schon sein Vater besucht hatte. Das 1249 gegründete »Univ« liegt im Herzen Oxfords, an der High Street, und ist das älteste der vielen Colleges, die zusammen die Universität bilden. Die Architektur in Oxford stellt ebenso wie jene in Cambridge ein grandioses Durcheinander aus allen Stilrichtungen seit dem Mittelalter dar. Seine geistigen und gesellschaftlichen Traditionen sind noch älter als die Gebäude. Wie an anderen großen Universitäten basieren sie auf einer Mischung aus wahrer geistiger Brillanz, Anmaßung, harmlosem Unsinn und echter Dekadenz. Einem jungen Mann, der sich für diese Dinge interessiert, hatte Stephen Hawkings neue Umgebung eine Menge zu bieten. Hawking jedoch fühlte sich während der ersten eineinhalb Jahre ziemlich einsam und langweilte sich erheblich. Viele seiner Kommilitonen waren bedeutend älter als er, da sie einige Zeit beim Militärdienst gewesen waren. Er verspürte auch keine große Lust, seine Langeweile zu bekämpfen, indem er sich vermehrt dem Studium widmete. Vielmehr stellte er fest, daß er, ohne eigentlich wirklich zu studieren, immer noch bessere Leistungen brachte als die meisten anderen.

Erst spät begann Hawking, Oxford zu genießen. Wenn man Robert Berman, seinem damaligen Physiklehrer, zuhört, ist es schwer zu glauben, daß er von dem gleichen Stephen Hawking spricht, der vorher so durchschnittlich und über ein Jahr lang so einsam erschienen war. »Ich glaube, er hat sich richtig Mühe gegeben, sozusagen sein Niveau auf das der anderen Studenten herunterzuschrauben, wissen Sie. Und das ist ihm auch gelungen, irgendwann gehörte er richtig dazu. Wenn jemand nichts über seine außergewöhnlichen Leistungen in Physik und Mathematik wußte – von sich aus redete er nicht davon ... Er war damals sehr beliebt.«[2] Andere, die Hawking in seinem zweiten und dritten Jahr in Oxford kennenlernten, beschreiben ihn als einen lebhaften jungen Mann mit positiver Lebenseinstellung, der sich durch nichts aus der Ruhe bringen ließ. Er hatte ziemlich lange Haare, war bekannt für seinen Esprit und liebte klassische Musik und Science-fiction.

Die Einstellung zur Arbeit war unter den meisten Oxforder Studenten in diesen Tagen, nach Hawkings Beschreibung, sehr »anti«. »Man hatte entweder gute Leistungen mühelos zu erbringen oder seine Grenzen zu akzeptieren und sich mit einem viertklassigen Abschluß zufriedenzugeben.

Wer hart arbeitete, um besser abzuschneiden, wurde als langweiliger Spießer, als ›gray man‹ betrachtet, damals das schlimmste Schimpfwort in Oxford.« Hawkings freiheitsliebender, unabhängiger Geist und seine saloppe Einstellung dem Studium gegenüber fügten sich da gut ein. So legte er keinesfalls ein auffälliges Verhalten an den Tag, als er beispielsweise einmal, nachdem er die von ihm erarbeitete Lösung vorgelesen hatte, das Blatt mit dem Ergebnis quer durch den Raum in den Papierkorb warf.

So wie das Physikstudium in Oxford organisiert war, fiel es den Studenten nicht schwer, sich vor der Arbeit zu drücken oder zumindest keine dringende Notwendigkeit darin zu sehen: Es dauerte zwei Jahre, und die einzige Prüfung, die man während dieser Zeit ablegen mußte, war das Abschlußexamen. Hawking schätzt, daß er durchschnittlich etwa eine Stunde pro Tag für das Studium verwendet hat, also etwa eintausend Stunden in drei Jahren. »Ich bin nicht stolz darauf, so wenig gearbeitet zu haben«, kommentiert er heute diesen Umstand. »Ich beschreibe nur meine damalige Einstellung, die ich mit den meisten meiner Mitstudenten teilte: Uns war absolut langweilig, und wir hatten das Gefühl, daß es nichts gäbe, das eine Anstrengung wert wäre. Infolge meiner Krankheit hat sich das alles geändert: Wenn man mit der Möglichkeit eines frühen Todes konfrontiert ist, erkennt man, daß das Leben lebenswert ist und daß es eine Menge Dinge gibt, die man tun möchte.«

Hawking wurde von seinen Mitstudenten also voll akzeptiert, aber irgendwann erkannten Dr. Berman und andere Lehrer, daß Hawking über einen brillanten Verstand verfügte, der sich »völlig von dem seiner Altersgenossen unterschied«. »Die Lehrbuchphysik war einfach keine Herausforderung für ihn. Er arbeitete wirklich wenig, denn jede Aufgabe, die man lösen konnte, löste er auch. Sobald er wußte, daß etwas machbar war, tat er es, ohne einen Blick darauf zu verwenden, wie andere das Problem angingen. Ob er irgendwelche Bücher hatte, weiß ich nicht, aber er hatte sicher nicht viele, und er machte sich auch keine Aufzeichnungen.«[3] Für einen anderen Lehrer gehörte er zu jener Kategorie von Studenten, die lieber Fehler in Lehrbüchern finden, als die darinstehenden Aufgaben zu erledigen.

Anstatt zu studieren betätigte sich Hawking lieber auf dem Wasser und engagierte sich beim Rudern oder als Steuermann »Univ«. Mitglied der Rudermannschaft zu werden war damals ein sicherer Weg, um »in« zu sein. Desinteresse und das Gefühl, daß Anstrengungen nicht lohnen, mag zwar ansonsten die vorherrschende Haltung gewesen sein, doch all das änderte sich am Fluß. Selbst wenn noch Eis auf dem Wasser war, kamen Ruderer, Steuermänner und Trainer, um Ausdauerübungen zu machen und das Boot ins Wasser zu setzen. Das gnadenlose Training fand bei jedem Wetter statt: Die Mannschaften ruderten den Fluß auf und ab, während der Trainer mit dem Rad den Treidelweg entlangfuhr und seine Mannschaft antrieb. Bei jedem Wettkampf schlugen die Emotionen hoch, und eine Menge Fans rannte auf dem Treidelweg mit dem Boot ihres Colleges mit. Es gab neblige Renntage, an denen kaum mehr etwas zu erkennen war, und es gab nasse Regentage, an denen sich die Boote langsam mit Wasser füllten. Die Festessen des Bootsclubs gingen bis spät in die Nacht und endeten schon mal in einer Schlacht mit weingetränkten Stoffservietten.

Jedenfalls vermittelte das Rudern den Studenten das angenehme Gefühl, körperlich fit zu sein, Kameraden zu haben und das Collegeleben voll zu genießen. Auch Hawking bewährte sich als beliebtes Mitglied der Rudermann-schaft bei den Wettkämpfen zwischen den Colleges. Da er niemals zuvor sportliche Erfolge gehabt hatte, bedeutete dies eine beglückende neue Erfahrung für ihn.

Am Ende des dritten Jahres jedoch wurden die Prüfungen wichtiger als die Wettkämpfe. Hawking stand vor einer schwierigen Frage: In welchem Gebiet seines Hauptfa-ches theoretische Physik sollte er seine Diplomarbeit ma-chen? In Kosmologie, dem Studium des sehr Großen, oder in der Elementarteilchenphysik, dem Studium des sehr Kleinen? Hawking entschied sich für die Kosmologie. »Ich hatte das Gefühl, Kosmologie sei aufregender, weil sie wirklich die große Frage zu beinhalten schien: Woher kommt das Universum?«[4] Fred Hoyle, der angesehenste britische Astronom dieser Zeit, hielt sich damals gerade in Cambridge auf. Hawking bewarb sich deshalb um ein Pro-motionsstudium in Cambridge und bekam eine Zusage unter der Bedingung, daß er bei seiner Abschlußprüfung in Oxford ein »sehr gut« erreichte.

Eintausend Stunden Vorbereitung sind wenig, wenn man ein »sehr gut« schaffen will. Jedoch erlauben es die Prü-fungen in Oxford, zwischen vielen Fragen oder mathemati-schen Aufgaben eine Auswahl zu treffen. Hawking hatte vor, die Aufgaben in theoretischer Physik zu bearbeiten und alle Fragen zu vermeiden, die auf Faktenwissen ziel-ten. Er rechnete fest damit, die Prüfung mit Hilfe dieser Taktik erfolgreich zu bestehen. Kurz vor dem entscheiden-den Tag war es dann allerdings vorbei mit dieser Zuver-sichtlichkeit, und in der Nacht unmittelbar davor war er zu nervös, um einschlafen zu können. Die Prüfung nahm schließlich keinen sehr glücklichen Verlauf. Hawking ab-solvierte sie mit der für ihn verhängnisvollen Bewertung zwischen »sehr gut« und »gut«.

Angesichts dieses knappen Ergebnisses luden die Prüfer Hawking noch zu einem persönlichen Gespräch ein und fragten ihn nach seinen Plänen. Obwohl es für ihn um sehr viel ging, ja seine berufliche Zukunft auf dem Spiel stand, antwortete Hawking mit einer jener Bemerkungen, die bereits damals so typisch für ihn waren: »Wenn ich ein ›sehr gut‹ bekomme, gehe ich nach Cambridge, mit einem ›gut‹ bleibe ich in Oxford. Daher erwarte ich, daß Sie mir ein ›sehr gut‹ geben.« Er bekam sein »sehr gut«. Dr. Berman meinte zu der Entscheidung der Prüfer: »Sie waren intelligent genug, um zu erkennen, daß sie jemanden vor sich hatten, der viel klüger war als sie selbst.«[5]

Die ersten eineinhalb Jahre in Oxford waren für Hawking keine sehr glückliche Zeit gewesen, doch in Cambridge gefiel es ihm noch weniger. Zu seiner Enttäuschung wurde seine Arbeit nicht von Fred Hoyle, sondern von Denis Sciama betreut, von dem er noch nie etwas gehört hatte. Sein mangelndes Mathematikwissen machte ihm jetzt zu schaffen, und die Allgemeine Relativitätstheorie fand er extrem schwierig. Er hatte also mit allerlei Problemen zu kämpfen, die aber andererseits keineswegs untypisch für einen jungen Wissenschaftler waren.

Ein anderes Problem erwies sich als ungleich schlimmer. Schon während seines dritten Jahres in Oxford war Hawking etwas unbeholfen geworden und ein- oder zweimal sogar ohne ersichtlichen Grund hingefallen. Im darauffolgenden Herbst in Cambridge hatte er auf einmal Probleme, seine Schuhe zu binden, und manchmal fiel es ihm schwer zu sprechen.

Nach seinem ersten Trimester in Cambridge, als Hawking die Weihnachtsferien zu Hause verbrachte, wurde sein Vater auf diese Probleme aufmerksam und brachte ihn zum Hausarzt der Familie. Dieser überwies Hawking an einen Spezialisten.

Kurz nach seinem 21. Geburtstag, im Jahre 1963, kehrte Hawking nicht zum Studium in Cambridge zurück, statt dessen wurde er im Krankenhaus von Cambridge gründlich untersucht. Die Ärzte entnahmen eine Muskelprobe aus seinem Arm, stachen Elektroden in seinen Körper, injizierten Kontrastmittel in die Wirbelsäule und durchleuchteten diese, während sie ihn mitsamt seinem Bett in Schräglage brachten. Nach zwei Wochen entließ man ihn mit der wenig aussagekräftigen Auskunft, daß er kein »typischer Fall« und jedenfalls nicht an multipler Sklerose erkrankt sei. Die Ärzte empfahlen ihm, nach Cambridge zurückzugehen und seine Studien fortzusetzen. »Ich schloß daraus«, erinnert sich Hawking, »daß sie damit rechneten, es würde schlimmer werden, und daß sie nichts tun konnten, außer mir irgendwelche Vitamine zu geben. Es war nicht schwer zu erkennen, daß sie sich keine große Wirkung davon versprachen. Allerdings verspürte ich keine große Lust, genauere, ganz offensichtlich sehr unangenehme Einzelheiten zu erfahren.«

Hawking hatte sich eine seltene Krankheit zugezogen, für die es noch keine erfolgversprechende Behandlungsmethode gibt: amyotrophische Lateralsklerose. Sie geht einher mit dem schrittweisen Abbau von Nervenzellen im Rückenmark und im Gehirn, die die Muskelaktivität steuern. Die ersten Symptome sind für gewöhnlich Kraftverlust und Zuckungen der Hände sowie manchmal eine undeutliche Aussprache und Schwierigkeiten beim Schlukken. Wenn Nervenzellen versagen, bilden sich jene Muskeln zurück, die durch diese Nervenzellen kontrolliert wurden. Unter Umständen kann dieses Leiden die gesamte Muskulatur des Körpers befallen. Der betroffene Mensch ist dann völlig gelähmt, kann nicht mehr sprechen und sich auch nicht mehr auf irgendeine andere Art mitteilen. Der Tod kommt meist innerhalb von zwei oder drei Jahren infolge einer Lungenentzündung oder durch Ersticken, wenn die Atemmuskulatur versagt. Der Geist bleibt bis zum Ende vollständig klar, was manchen Menschen als vorteilhaft erscheint, für andere ist es eine furchtbare Vorstellung. Patienten im letzten Stadium bekommen oft Morphium, nicht gegen Schmerzen – die Krankheit ist nicht schmerzhaft –, sondern wegen ihrer Angst und Niedergeschlagenheit.

Für Hawking war nach der Diagnose nichts mehr so wie früher. Mit dem ihm eigenen Hang zur Untertreibung beschreibt er seine Reaktion: »Die Erkenntnis, daß ich eine unheilbare Krankheit hatte, die mich vielleicht innerhalb weniger Jahre umbringen würde, war doch irgendwie ein Schock. Wie konnte mir so etwas passieren? Warum sollte ausgerechnet ich so enden? Doch während meines Krankenhausaufenthaltes hatte ich einen Jungen, den ich kaum kannte, im Bett neben mir an Leukämie sterben sehen. Es war kein schöner Anblick, und mir wurde klar, daß es Leute gab, denen es noch schlechter ging als mir. Schließlich hatte ich keine Schmerzen, fühlte mich nicht wirklich krank. Wann immer ich Selbstmitleid in mir aufsteigen fühlte, erinnerte ich mich an diesen Jungen.«

Trotzdem verfiel Hawking zunächst in eine tiefe Depression. Er wußte nicht, was er tun sollte, was mit ihm geschehen und wie schnell sich sein Zustand verschlechtern würde und was ihm noch alles bevorstand. Seine Ärzte hatten ihm gesagt, daß er sein Promotionsstudium fortsetzen solle, aber auch das kam nur mehr recht mühsam voran – ein Umstand, der ihn fast ebenso bedrückte wie seine Krankheit. Auf eine Promotion hinzuarbeiten, die er sowieso nicht mehr erleben würde, schien ihm völlig sinnlos, ein alberner Versuch, seinen Geist zu beschäftigen, während sein Körper starb. So saß er vollkommen unglücklich in den Räumen des Colleges herum. Aber er betonte stets: »Presseberichte, ich hätte damals sehr viel getrunken, sind völlig übertrieben. Ich fühlte mich wie der tragische Held in einem Drama. Ich begann sogar Wagner zu hören.«

In jener Zeit, so erinnert er sich, hatte er ziemlich eigenartige Träume: »Bevor ich von meinem Zustand wußte, fand ich das Leben sehr langweilig. Nichts schien wirklich von Bedeutung zu sein. Kurze Zeit nachdem ich aus dem Krankenhaus gekommen war, träumte ich jedoch, daß man mich hinrichten wollte. Plötzlich erkannte ich, daß es eine Menge wertvoller Dinge gab, die ich tun konnte, falls ich noch eine Frist bekäme. In einem anderen Traum, der mehrmals wiederkehrte, opferte ich mein Leben, um andere zu retten. So reifte in mir allmählich der Gedanke, wenn ich sowieso sterben würde, könnte mein Tod ja vielleicht auch zu etwas gut sein.«

Hawkings Ärzte hofften, daß sich sein Zustand stabilisieren würde, aber die Krankheit schritt rasch voran. Bald teilte man ihm mit, daß er nur noch etwa zwei Jahre zu leben hätte. Sein Vater appellierte an Denis Sciama, Hawking bei der Fertigstellung seiner Dissertation zu helfen. Sciama schlug diese Bitte ab, denn er kannte Hawkings Fähigkeiten ebensogut wie seine Abneigung gegenüber Kompromissen, an der sich auch durch seine tödliche Krankheit nichts geändert hatte.

Als zwei Jahre vergangen waren, hatte sich das Fortschreiten der Krankheit verlangsamt. »Ich starb nicht. Obwohl eine düstere Wolke meine Zukunft verdunkelte, stellte ich zu meiner Überraschung fest, daß mir das Leben schöner erschien als zuvor.« Er mußte sich auf einen Stock stützen, doch ansonsten war sein Zustand nicht allzu schlimm. Völlige Lähmung und Tod waren zwar noch immer sein sicheres Schicksal, aber zunächst aufgeschoben. Da er offensichtlich doch noch länger zu leben hatte, schlug Sciama ihm vor, seine Dissertation zu Ende zu schreiben. Hawking hatte seine Frist, wenn auch eine sehr unsichere und nur vorläufige. Jetzt war das Leben etwas Kostbares und voller wertvoller Dinge.

Bei einer Silvesterparty in St. Alban's, kurz bevor er Anfang 1963 zur Untersuchung ins Krankenhaus ging, lernte Hawking Jane Wilde kennen. Auch sie war in St. Alban's aufgewachsen, beide hatten sich aber vorher nie getroffen. Jane war etwas jünger als er, hatte gerade die St. Alban's High School beendet und plante, im kommenden Sommer am Westfield College in London Sprachen zu studieren. Ihr erschien dieser lässige junge Physiker schrecklich intelligent, exzentrisch und ziemlich arrogant. Aber er war interessant, und besonders sein Humor gefiel ihr gut. Er erzählte ihr, daß er Kosmologie studiere. Was das genau war, wußte sie nicht.

Als Jane ihn nach seinem Krankenhausaufenthalt wieder traf, »war er in einem wirklich dramatischen Zustand. Ich glaube, er hatte seinen ganzen Lebenswillen verloren, war vollkommen durcheinander.«[6] Sie ließ sich jedoch von seiner physischen und psychischen Verfassung nicht abschrecken. Jane war eine ziemlich schüchterne, aber ernsthafte junge Frau mit einem tiefverwurzelten, von ihrer Mutter geerbten Gottvertrauen. Sie glaubte, daß jede Katastrophe auch ihre guten Seiten haben konnte. Hawking wiederum hielt sie für »ein hinreißendes Mädchen«.[7] Er bewunderte ihre Energie und ihren Optimismus und ließ sich im Laufe der Zeit davon anstecken. Die Freundschaft entwickelte sich zunächst langsam, aber nach einer Weile begannen die beiden zu erkennen, so Jane, »daß wir zusammen etwas Sinnvolles aus unser beider Leben machen könnten«.[8]

Nachdem sie eine Zeitlang getrennt voneinander in Cambridge und London gelebt hatten, verlobten sich Stephen Hawking und Jane Wilde. »Ich wollte immer meinem Leben einen Sinn geben«, begründete sie ihren Entschluß, »und ich glaube, deshalb kam ich auf die Idee, mich um ihn zu kümmern. Jedenfalls, wir liebten uns und heirateten; das war irgendwie etwas ganz Selbstverständliches. Ich überlegte, was ich tun sollte, und tat, wofür ich mich entschieden hatte.«[9]

Für Stephen hingegen bedeutete diese Entwicklung »einfach alles«. »Die Verlobung veränderte mein ganzes Leben. Auf einmal hatte ich etwas, wofür es sich zu leben lohnte. Ich war wieder entschlossen zu leben. Ohne die Hilfe von Jane hätte ich weder die Kraft noch den Willen gehabt weiterzumachen.«

Mit der Liebe zu Jane Wilde kam Hawkings früherer Schwung zurück. Auf einmal ging es auch mit seiner Dissertation wieder voran. Er beschloß, es als großes Glück anzusehen, daß die Krankheit niemals seine geistigen Fähigkeiten berühren würde, gleichgültig, wie weit die Lähmung seines Körpers auch voranschritte. Allmählich zog ihn die theoretische Physik fast völlig in ihren Bann; und tatsächlich war die Möglichkeit, zum Experten auf diesem Gebiet zu werden, eine der wenigen Karrieren, die durch seine körperliche Lähmung nicht ernsthaft behindert werden würde.

Für uns hört sich diese Einstellung unglaublich tapfer an, doch Hawking ist es peinlich, wenn so über ihn gesprochen wird. Seiner Ansicht nach hätte es kolossale Willenskraft erfordert, sich ganz bewußt für einen schwierigen Weg zu entscheiden, aber so sei es nicht gewesen. Schließlich sei ihm gar nichts anderes übriggeblieben: »Man braucht oft lange, um zu erkennen, daß das Leben nun einmal nicht fair ist. Und man muß eben das Beste aus der Situation machen, in der man sich befindet.«[10]

Vielleicht ist das ein guter Moment, ein wenig abzuschweifen und eines festzustellen: Je weniger Umstände man um Hawkings physische Probleme macht, desto besser. Wenn dieses Buch nur über seine wissenschaftliche Arbeit berichten und in keiner Weise erwähnen würde, daß diese Arbeit möglicherweise für ihn mehr bedeutet als für die meisten anderen Leute, würde ihm das gut gefallen. Eines der bedeutendsten Dinge, die man über Stephen Hawking lernen kann, ist, wie unbedeutend seine Behinderung ist. Es ist einfach nicht angemessen, ihn als einen kranken Menschen zu beschreiben. Gesundheit schließt wesentlich mehr ein als die körperliche Verfassung, und in diesem weitergefaßten Sinne gehörte er während seines ganzen Lebens meist zu den gesündesten Menschen. Das ist die Botschaft, die laut und deutlich in seinen eigenen Texten und in den meisten Artikeln, die über ihn geschrieben werden, enthalten ist, und sie wird noch klarer, wenn man mit ihm zusammen ist. So ist das typische »Hawking-Image«, und obgleich wir seine Warnung »Sie sollen nicht alles glauben, was Sie lesen« ernst nehmen sollten, erliegen wir hier bestimmt keinem Trugbild.

Unterdessen war es zum dringendsten Problem für Stephen Hawking geworden, daß er erst eine Arbeit brauchte, bevor er heiraten konnte, doch bevor er seine Promotion nicht hatte, würde man ihn nicht einstellen. Er begann, nach einem Thema zu suchen, über das er seine Dissertation schreiben konnte.

Hawking hatte einmal etwas über eine Theorie des britischen Mathematikers und Physikers Roger Penrose gelesen, die der Frage nachgeht, was passiert, wenn ein Stern keinen nuklearen Brennstoff mehr hat und unter der Kraft seiner eigenen Gravitation kollabiert. Penroses Theorie, aufbauend auf früheren Arbeiten von Physikern wie Subrahmanyan Chandrasekhar und John A. Wheeler, besagte folgendes: Selbst wenn der Kollaps nicht völlig gleichmäßig und symmetrisch ist, schrumpft der Stern dennoch zu einem winzigen Punkt unendlicher Dichte und unendlicher Krümmung der Raumzeit, zu einer *Singularität* im Herzen des *Schwarzen Loches*.

Hawking setzte hier an, indem er die Richtung der Zeit umkehrte und sich einen Punkt unendlicher Dichte und unendlicher Krümmung der Raumzeit – eine Singularität – vorstellte, die explodiert und sich ausbreitet. Nehmen wir an, so schlug er vor, das Universum begann genau auf diese Art. Nehmen wir an, die Raumzeit, in einem winzigen dimensionslosen Punkt zusammengeschlossen, explodiert in einem Urknall, wie wir es nennen, und dehnt sich aus, bis sie schließlich den heutigen Zustand erreicht. Kann es sich so ereignet haben? *Muß* es sich so ereignet haben?

Mit diesen Fragen begann Hawking das intellektuelle Abenteuer, das nun schon seit mehr als 25 Jahren andauert. »Zum erstenmal in meinem Leben arbeitete ich wirklich hart«, erinnert er sich. »Und zu meiner Überraschung stellte ich fest, daß es mir gefiel. Vielleicht ist es aber auch nicht wirklich gerecht, diese Tätigkeit als Arbeit zu bezeichnen.«

Die Stelle, um die sich Hawking bewarb, war eine Promotionsstelle an einem der Colleges der Cambridger Universität, am »Gonville und Caius« oder kurz »Caius« (»Kies«

ausgesprochen). Er erinnert sich, daß Jane zu dieser Zeit gerade von London gekommen war, um ihn zu besuchen. »Ich hoffte, daß Jane meine Bewerbung tippen würde, aber ihr Arm war gebrochen und lag in Gips. Ich muß zugeben, daß ich weniger mitfühlend war, als ich es hätte sein sollen. Allerdings war es ihr linker Arm, und so war sie in der Lage, die Bewerbung für mich zu schreiben, und jemand anderes tippte sie dann.«

Als er sich um die Caius-Stelle bewarb, wurde er gebeten, als Referenz zwei Personen zu benennen. Sein Betreuer Denis Sciama schlug Herman Bondi vor, einen Experten auf dem Gebiet der Allgemeinen Relativitätstheorie am King's College in London. »Ich hatte ihn ein paarmal getroffen, und er hatte einen Artikel kommentiert, den ich für die Royal Society geschrieben hatte. Nach einer Vorlesung, die er in Cambridge hielt, fragte ich ihn [nach der Referenz]. Er sah mich unbestimmt an und sagte zu. Offensichtlich konnte er sich später jedoch nicht an mich erinnern, denn als ihn das College wegen der Referenz anschrieb, entgegnete er, daß er noch nie von mir gehört habe.« Im Grunde hätte dies für Hawking alles zerstören können; heute jedenfalls, angesichts des großen Bewerberansturms auf Universitätsstellen, wäre eine solche Absage das Aus. Aber Hawking hatte Glück. »Die damaligen Zeiten waren ruhiger. Das College teilte mir die peinliche Antwort meines Beurteilers mit. Mein Betreuer wandte sich daraufhin an Bondi, um seine Erinnerung aufzufrischen, und dieser schrieb mir dann eine Referenz, die wahrscheinlich viel besser war, als ich es verdiente. Jedenfalls bekam ich die Stelle.«

1965, im Alter von dreiundzwanzig Jahren, erhielt Hawking also eine Stelle am Caius. Im Juli jenes Jahres heirateten er und Jane.

Die theoretische Physik ist voller Widersprüche, und so erscheint es durchaus passend, daß eine der größten Kapazitäten auf diesem Gebiet ein Mann ist, dessen Enthusiasmus durch eine Tragödie erwachte, die ihn hätte verbittern und zerstören können. Ein Mann, dessen kometenhafte Karriere als Wissenschaftler mit dem ganz praktischen Bedürfnis begann, seine Dissertation abzuschließen, um dann eine Stelle zu bekommen und heiraten zu können. Hawking selbst kommentierte diese Entwicklung – trotz Wagner, trotz des Selbstbildes eines tragischen Helden und aller Träume, nach wenigstens einem Jahr der Depression – in entwaffnender Schlichtheit: »Ich war glücklicher als je zuvor.«

4

»Die große Frage:
Gab es einen Anfang oder nicht?«

Nach ihrer Heirat im Juli 1965 und kurzen Flitterwochen in Suffolk in der Nähe von Cambridge – mehr konnte sich das junge Paar nicht leisten – flogen Stephen und Jane Hawking nach Amerika. Sie wollten dort einen Sommerkurs über die Allgemeine Relativitätstheorie, organisiert von der Cornell University im Staat New York, besuchen. Für Hawking bot sich damit die Gelegenheit, führende Experten auf seinem Gebiet zu treffen, aber dennoch sah er die gesamte Unternehmung später als Fehler an: »Es war eine große Belastung für unsere Ehe, nicht zuletzt, weil wir in einem Schlafsaal untergebracht waren, der voller Familien mit lärmenden kleinen Kindern war.«[1]

Nachdem sie im Herbst nach Cambridge zurückgekehrt waren, ging Jane Hawking für ein weiteres Jahr nach London, um dort ihr Studium zu beenden. Hawking sollte während der Woche selbst für sich sorgen, während sie in London war. An den Wochenenden würde Jane zu ihm kommen. Da er nicht mehr weit gehen oder radfahren konnte, brauchte er eine Bleibe in der Nähe seines Arbeitsplatzes.

Bevor sie nach Amerika gingen, hatten sie sich bereits um eine Wohnung in einem Haus beworben, das gerade am Marktplatz von Cambridge gebaut wurde, jedoch noch nicht bezugsfertig war. Der Verwalter des Caius College, an dem Hawking jetzt arbeitete, hatte ihnen bereits früher erklärt, daß es nicht seine Aufgabe sei, Wohnungen für Mitarbeiter zu suchen. Doch schließlich gab er nach und bot den Hawkings ein Zimmer in einem Studentenwohnheim an, das er ihnen auch gleich doppelt berechnete, da an den Wochenenden schließlich zwei Personen darin wohnten.

Hawkings Probleme haben eine gewisse Tendenz, sich in Vorteile zu verwandeln, womit sich die Philosophie Jane Hawkings zu bestätigen scheint. Drei Tage nachdem sie ins Wohnheim gezogen waren, fanden sie ein kleines Haus, das für drei Monate zu haben war. Es lag in einer hübschen Straße gegenüber der Little Saint Mary's Church, nur ein paar hundert Meter vom Department of Applied Mathematics and Theoretical Physics (DAMTP – Abteilung für Angewandte Mathematik und Theoretische Physik) entfernt. Das war eine Distanz, die Stephen Hawking noch zu Fuß bewältigen konnte, und um ins Institut für Astronomie vor den Toren der Stadt zu kommen, kaufte er sich ein dreirädriges Auto. Bevor die drei Monate zu Ende waren, wurden sie auf ein anderes Haus in derselben Straße aufmerksam, das offensichtlich leer stand. Ein freundlicher Nachbar machte die Besitzerin in Dorset aus und appellierte an sie, sie könne das Haus doch nicht leer stehen lassen, während ein junges Paar keinen Platz zum Leben habe. Die Besitzerin erklärte sich mit einer Vermietung einverstanden. Ein paar Jahre später kauften die Hawkings das Haus, und die Eltern von Stephen Hawking griffen ihnen finanziell unter die Arme, damit sie ihr neues Zuhause herrichten konnten.

Bereits im ersten Jahr nach ihrer Heirat zeigte sich Janes Organisationstalent. Sie pendelte jede Woche zwischen

London und Cambridge hin und her, beendete ihr Studium und tippte nebenbei noch die Dissertation ihres Mannes. Nachdem sie das alles hinter sich gebracht hatte, entschieden sich die Hawkings, eine richtige Familie zu gründen. Ihr erster Sohn Robert kam 1967 zur Welt, vier Jahre nachdem die Ärzte Stephen Hawking prophezeit hatten, er würde nur noch zwei Jahre leben. Doch er stand noch immer auf seinen Füßen, und er war Vater. »Es war zweifellos ein wichtiger neuer Ansporn für Stephen, daß er nun für dieses kleine Geschöpf die Verantwortung trug«[2], meint Jane Hawking.

Die Leute, die in den späten sechziger Jahren am DAMTP waren, erinnern sich, wie Stephen sich durch die Korridore bewegte, indem er sich dabei auf einen Stock und an die Wand stützte. Wenn er etwas sagte, hörte es sich an, als hätte er einen kleinen Sprachfehler. Doch mehr als an diese Dinge erinnern sich die Leute an sein Auftreten bei Zusammenkünften, an denen auch einige der angesehensten Wissenschaftler der Welt teilnahmen. Während andere junge Forscher ehrfurchtsvoll schwiegen, stellte Hawking unerwartete und hartnäckige Fragen. Dabei wußte er immer bestens über das jeweilige Gebiet Bescheid. Sein Ruf als »Genie«, als »zweiter Einstein«, begründete sich hier. Doch trotz Hawkings Humor und Beliebtheit bildeten dieses Ansehen und seine physischen Probleme auch eine unsichtbare Barriere, die ihn von einigen anderen Mitarbeitern der Abteilung trennte. »Er war immer sehr freundlich, aber dennoch hätten sich einige nicht getraut, ihn zu fragen, ob er auf ein Bier mitgehen möchte«, meint einer von ihnen. Es ist also kein Wunder, daß Hawking diesen Umstand als Problem betrachtet, als etwas, das die Leute davon abhält, ihn als »nicht mehr und nicht weniger als einen normalen Menschen« zu sehen.[3]

In den späten sechziger Jahren verschlechterte sich Hawkings körperliche Verfassung erneut. Nun mußte er sich mit Hilfe von Krücken fortbewegen. Dann wurde selbst das schwierig für ihn. Hawking focht einen erbitterten Kampf gegen den Verlust seiner Unabhängigkeit. Ein damaliger Besucher erinnert sich daran, wie Hawking fünfzehn Minuten lang dafür brauchte, um auf seine Krücken gestützt in sein Zimmer zu gelangen. Doch er beharrte darauf, es ohne fremde Hilfe zu schaffen.

Diese Beharrlichkeit schien sich zeitweise zu sturer Dickköpfigkeit zu steigern. Hawking lehnte es ab, irgendwelche Zugeständnisse an seine Krankheit zu machen, selbst wenn es sich dabei um praktische Hilfen handelte, die ihm selbst und seiner Umgebung einiges leichter gemacht hätten. Es war seine Schlacht, und er wollte sie auf seine eigene Art und Weise durchstehen. Und es war eben seine Art, jegliche Zugeständnisse als Niederlage zu betrachten und so lange wie möglich abzulehnen. »Einige Leute würden das Entschlossenheit nennen, andere Sturheit«, meint Jane Hawking. »Ich habe es mal so, mal so empfunden. Doch ich nehme an, daß es diese Einstellung war, die ihn aufrechterhielt.«[4] John Boslough, der Anfang der achtziger Jahre ein Buch über Hawking schrieb, nannte ihn einen zähen Mann, »den zähesten, dem ich je begegnet bin«.[5] Selbst wenn ihn eine böse Erkältung oder Grippe erwischt hatte, gab es kaum einen Tag, an dem Hawking nicht arbeitete.

Während Stephen Hawking keine Zugeständnisse an seine Krankheit machte, lernte seine Frau, keine Zugeständnisse ihm gegenüber zu machen. Das war *ihre* Art des Kampfes und ein Teil ihrer Strategie, dafür zu sorgen, daß sein Leben möglichst normal aussieht.

Boslough beschreibt Hawking auch als einen »liebenswürdigen, humorvollen Menschen«, der einen schnell seine physischen Probleme vergessen ließ. Dieser »liebenswürdige« Humor räumte viele Probleme aus. Hawkings Talent, sich selbst, seine Probleme und auch die Wissenschaft, die ihm so wichtig ist, darzustellen, ist wirklich eindrucksvoll. Es ist jene Fähigkeit, die ihn so ungeheuer populär werden ließ und in der Regel dafür sorgt, daß Hemmungen erst gar nicht aufkommen. Vielen seiner Kollegen machte es größten Spaß, mit ihm zusammenzusein. Hawking folgt, vermutlich ohne je davon gelesen zu haben, dem Rat, den Louisa May Alcotts Mutter ihrer Familie zu Zeiten erdrückenden Elends gab: »Hofft und beschäftigt euch.« Soweit man das als Außenstehender überhaupt beurteilen kann, nimmt seine Wissenschaft bedeutend mehr Raum in seinem Kopf ein als alle Probleme mit Stöcken, Krücken und Treppen. Die fast besessene Freude an seiner Arbeit ist der Grundton seines Lebens. Ende der sechziger Jahre begann er der Frage nachzugehen, wie das Universum beschaffen ist und wie das – in seinen Worten – »Spiel des Universums« begonnen haben könnte. Um die Arbeit zu verstehen, die ihn so in ihren Bann zog, müssen wir fünfunddreißig Jahre zurückgehen.

Das Universum expandiert

Heute erscheint es uns selbstverständlich, daß wir in einer Galaxie mit Spiralarmen leben und daß es noch viele andere der unseren mehr oder weniger ähnliche Galaxien gibt, zwischen denen weite Strecken leeren Raums liegen. Zu Beginn unseres Jahrhunderts war diese Vorstellung noch keineswegs Allgemeingut. Erst der amerikanische Astronom Edwin Hubble wies in den zwanziger Jahren nach, daß neben der unseren tatsächlich noch viele andere Galaxien existieren. Gibt es eine Gesetzmäßigkeit in der Bewegung der Galaxien? Wiederum war es Hubble, der dies nachwies und dabei eine der aufregendsten Entdeckungen unseres Jahrhunderts machte: Die Galaxien bewegen sich alle von uns fort. Das Universum expandiert.

Hubble stellte außerdem fest, daß sich eine Galaxie um so schneller von uns fortbewegt, je weiter sie entfernt ist: doppelt so weit, doppelt so schnell. Einige extrem weit entfernte Galaxien entschwinden in einem Tempo, das fast zwei Dritteln der Lichtgeschwindigkeit entspricht. Bedeutet das, daß sich jeder Stern des Universums von uns fortbewegt? Nein, unsere nächsten Nachbarn irren scheinbar ziellos umher, einige kommen näher, andere entfernen sich. Nur zwischen Gruppen von Galaxien dehnt sich der Raum aus. Man sollte sich diese Expansion nicht so vorstellen, daß sich die Himmelskörper aktiv voneinander entfernen, sondern vielmehr so, daß sich der Raum zwischen ihnen ausdehnt. Denken Sie an einen Laib Rosinenbrot, der im Ofen gebacken wird. Wenn der Teig aufgeht, entfernen sich die Rosinen voneinander. Das Prinzip »doppelt so weit, doppelt so schnell« gilt für die Rosinen ebenso wie für Galaxien.

Wenn die Galaxien sich von uns und voneinander entfernen, so müssen sie einmal sehr nahe beieinander gewesen sein, es sei denn, es hat sich zwischendurch irgend etwas Drastisches ereignet. Waren sie also tatsächlich alle irgendwann in der Vergangenheit an ein und demselben Ort? Die gesamte Materie des Universums konzentriert in nur einem unendlich dichten Punkt?

Die Vorgeschichte eines expandierenden Universums mag sich auch ganz anders zugetragen haben. Vielleicht existierte schon einmal ein Universum wie das unsere, und dieses Universum zog sich zusammen, so daß sich seine Galaxien einander näherten, als wären sie auf Kollisionskurs. Aber die Galaxien und Sterne in ihm, damit natürlich auch die Atome und Teilchen, besaßen noch eine weitere Bewegungskomponente zusätzlich zu der, die sie aufeinander zufliegen ließ. Die Planeten drehten sich zum Beispiel um die Sterne. Das führte vielleicht dazu, daß sich die Galaxien beziehungsweise die Teilchen, aus denen sie aufgebaut waren, verfehlten, anstatt sich in einem Punkt unendlicher Dichte zu treffen. Sie flogen durch die engste Stelle hindurch, und das Universum expandierte wieder, bis es seinen heutigen Zustand erreicht hatte. Könnte es so gewesen sein? Was hat sich wirklich abgespielt? Solchen Fragen wandte sich Stephen Hawking in seiner Doktorarbeit zu. »Die große Frage war«, so Hawking, »gab es einen Anfang oder nicht?«[6]

Seine Suche nach der Antwort begann, wie wir bereits im dritten Kapitel erwähnten, mit einer These von Roger Penrose aus dem Jahr 1965. Dabei ging es um die Art und Weise, auf die bestimmte Sterne enden könnten – um etwas, für das John Archibald Wheeler in Princeton drei Jahre später den spektakulären Namen *Schwarze Löcher* prägte. Hinter dem Begriff steht eine Vereinigung dessen, was wir über Gravitation wissen, mit dem, was uns die Allgemeine Relativitätstheorie über die Eigenschaften des Lichtes sagt.

Was wissen wir über Gravitation und Licht?

Die Gravitation (die Anziehungskraft oder Schwerkraft) ist die bekannteste der vier Kräfte, und wir haben alle sehr früh mit ihr Bekanntschaft gemacht. Sie war schuld, wenn uns die Eistüte auf den Teppich fiel oder wenn wir von der Schaukel purzelten. Wenn Sie gefragt worden wären, ob es sich bei der Gravitation um eine sehr schwache oder sehr starke Kraft handelt, hätten Sie vermutlich geantwortet: »Eine ungeheuer große.« Tatsächlich ist die Gravitation bei weitem die schwächste der vier Kräfte. Jene Schwerkraft, die sich in unserem Alltag so deutlich bemerkbar macht, ist die gesamte Anziehungskraft dieses riesigen Planeten, auf dem wir leben, beziehungsweise die vereinte Anziehungskraft aller Teilchen in ihm. Der Beitrag jedes einzelnen Teilchens hingegen ist verschwindend klein. Man benötigt hochempfindliche Geräte, um die geringe Anziehungskraft zwischen kleinen Gegenständen überhaupt festzustellen. Da diese Kraft jedoch stets anziehend, niemals abstoßend wirkt, hat sie die Fähigkeit, sich aufzusummieren.

Der Physiker John Wheeler vergleicht die Gravitation gern mit einer Art universellem demokratischen System. Jedes Teilchen hat eine Stimme und kann jedes andere Teilchen im Universum beeinflussen. Wenn sich Teilchen zusammenschließen (zu einem Stern beispielsweise oder zu unserer Erde) und als Block abstimmen, können sie ihren Einfluß vergrößern. Die sehr schwachen Anziehungskräfte eines jeden einzelnen Teilchens in dem großen Körper addieren sich zu einer spürbaren Kraft, die ein gewichtiges Wort mitzureden hat, wenn es um die Geschehnisse innerhalb des Systems geht. Je mehr Materieteilchen in einem Körper enthalten sind, desto mehr Masse hat dieser. Masse ist dabei nicht dasselbe wie Größe. Die Masse gibt an, wie viele Stimmberechtigte sich zu einem Stimmblock vereinigt haben, also wieviel Materie in einem Objekt enthalten ist (ungeachtet, wie dicht oder locker die Materie gepackt ist), und welchen Widerstand es jeglichen Versuchen leistet, seine Geschwindigkeit oder Richtung zu verändern.

Sir Isaac Newton, im siebzehnten Jahrhundert Inhaber des Lucasischen Lehrstuhls für Mathematik in Cambridge, jener Position also, die Hawking heute innehat, entdeckte Gesetze, die eine Erklärung dafür lieferten, wie Gravitation unter mehr oder weniger normalen Umständen wirkt. Diese Gesetze besagen zunächst, daß sich die Körper im Universum nicht im Ruhezustand befinden. Sie bleiben nicht an einer Stelle sitzen, bis irgendeine Kraft kommt, die sie stößt oder zieht, so daß sie kurz irgendwo »hinunterrollen«, um anschließend wieder völlig bewegungslos zu sein. Statt dessen behält ein Körper, der völlig ungestört ist, sowohl seine Geschwindigkeit als auch seine Richtung unverändert bei. Man muß sich vorstellen, daß alles im Universum in Bewegung ist. Wir können unsere Geschwindigkeit oder Richtung im Verhältnis zu anderen Objekten im All bestimmen, nicht jedoch in bezug auf absolute Bewegungslosigkeit oder irgend etwas, das etwa einem absoluten Nord, Süd, Ost, West, Oben oder Unten entspräche.

Wäre beispielsweise unser Mond ganz allein im Weltall, würde er nicht stillstehen, sondern sich vielmehr auf einer geraden Linie mit gleichbleibender Geschwindigkeit fortbewegen. Andererseits, wenn er wirklich völlig allein wäre, wäre die Aussage auch nicht richtig, denn wir könnten seine Bewegung zu nichts in Beziehung setzen. Aber der Mond ist keineswegs allein. Eine Kraft, die Gravitation oder Anziehungskraft, übt eine Wirkung auf ihn aus und ändert seine Geschwindigkeit und Richtung. Woher kommt diese Kraft? Sie kommt von dem nahegelegenen »Stimmblock«, nämlich von der Erde. Der Mond wehrt sich gegen deren Einfluß, sucht sich weiter auf einer geraden Linie zu bewegen. Der Erfolg seines Widerstandes hängt davon ab, wie viele Stimmberechtigte er in sich vereint, von seinem Gewicht. Umgekehrt hat auch die Anziehungskraft des Mondes einen Einfluß auf die Erde; sichtbarster Beweis dafür sind Ebbe und Flut.

Newtons Theorie besagt, daß die Größe der Masse eines Körpers die Anziehung beeinflußt, die zwischen diesem Körper und einem anderen wirkt. Bleiben die anderen Faktoren konstant, so verhält sich die Anziehung direkt proportional zur Masse. Hätte also die Erde doppelt soviel Masse, wie sie tatsächlich hat, so wäre die Anziehung zwischen Erde und Mond ebenfalls doppelt so stark. Jede Massenänderung der Erde oder des Mondes würde die Anziehungskraft zwischen ihnen ändern. Newton entdeckte ebenfalls, daß die Anziehungskraft zwischen zwei Körpern um so schwächer ist, je größer die Entfernung zwischen ihnen ist. Dabei gilt folgende Relation: Wenn der Mond doppelt so weit von uns entfernt wäre wie tatsächlich, würde die Anziehung zwischen Erde und Mond nur ein Viertel des jetzigen Wertes betragen. (Siehe »Newtons Gravitationstheorie« im Glossar.)

Newtons Theorie ist eine extrem erfolgreiche Theorie, über zweihundert Jahre lang hat niemand sie verbessern können. Wir benutzen sie immer noch, obwohl wir wissen, daß sie unter bestimmten Bedingungen versagt, etwa wenn die Gravitationskräfte extrem stark werden (beispielsweise in der Nähe von Schwarzen Löchern) oder wenn sich Körper annähernd mit Lichtgeschwindigkeit bewegen.

Albert Einstein fand zu Beginn unseres Jahrhunderts ein Problem in Newtons Theorie. Wie oben erwähnt, besagt diese, daß die Stärke der Gravitation zwischen zwei Objekten von der Entfernung zwischen ihnen abhängt. Wenn das zutreffen würde, müßte sich folglich die Kraft zwischen der Erde und der Sonne schlagartig ändern, wenn jemand die Sonne nehmen und von der Erde wegbewegen würde. Ist das möglich?

Einsteins Spezielle Relativitätstheorie besagt, daß die Lichtgeschwindigkeit stets die gleiche ist, unabhängig davon, an welcher Stelle des Universums sich etwas befindet und wie es sich bewegt, und daß es nichts gibt, was sich schneller bewegt als das Licht. Das Licht der Sonne benötigt etwa acht Minuten, um die Erde zu erreichen. Wir sehen die Sonne also immer da stehen, wo sie vor acht Minuten war. Würde sie plötzlich von der Erde wegbewegt, so hätte das acht Minuten lang keinerlei Auswirkung auf die Erde. Acht Minuten lang würde sie sich auf ihrer alten Bahn bewegen, geradeso als wäre die Sonne noch immer auf ihrem gewohnten Platz. Mit anderen Worten, die Wirkung der Gravitation von einem Körper auf einen anderen kann sich nicht schlagartig ändern, da auch sie sich nicht schneller als mit Lichtgeschwindigkeit ausbreiten kann. Die Information darüber, wie weit die Sonne entfernt ist, breitet sich nicht schneller aus als mit 300 000 Kilometern pro Sekunde.

Wenn wir über Dinge sprechen, die sich im Universum bewegen, ist es ganz offensichtlich nicht angemessen, nur die drei Dimensionen des Raums zu betrachten. Da sich keine Information schneller ausbreitet als das Licht, muß man einen gewissen Zeitfaktor in Betracht ziehen, wenn es um Entfernungen geht, mit denen wir es in der Astronomie zu tun haben. Die Beschreibung des Universums in drei Dimensionen ist ebensowenig angebracht wie die Beschreibung eines Würfels in zwei. Es ist viel sinnvoller, die Zeit als Dimension hinzuzufügen, zu akzeptieren, daß es wirklich vier Dimensionen gibt, und von Raumzeit zu sprechen.

Einstein verbrachte mehrere Jahre mit der Suche nach einer Theorie der Gravitation, die zu dem paßte, was er über das Licht und die Bewegung bei annähernd Lichtgeschwindigkeit entdeckt hatte. Im Jahre 1915 stellte er die Allgemeine Relativitätstheorie vor. Er forderte uns auf, uns die Gravitation nicht als Kraft vorzustellen, die zwischen Körpern wirkt, sondern als die Form, also die Krümmung, der vierdimensionalen Raumzeit selbst.

Zum besseren Verständnis dieser Krümmung schlägt Bryce DeWitt von der Universität in Texas vor, man solle sich jemanden vorstellen, der glaubt, die Erde sei eine Scheibe, und der versucht, ein Gitter auf diese Fläche zu zeichnen.

»Das Ergebnis kann man an klaren Tagen vom Flugzeug aus sehen, wenn man über die landwirtschaftlich genutzten Gebiete der Great Plains fliegt. Dieses Land ist durch Ost-West- und Nord-Süd-Straßen in quadratmeilengroße Vierecke unterteilt. Die Ost-West-Straßen dehnen sich oftmals in ungebrochenen Linien über viele Meilen hin aus. Nicht jedoch die Nord-Süd-Straßen. Blickt man nach Norden, so erkennt man, daß die Straßen in dieser Richtung alle paar Meilen recht abrupt nach Osten oder Westen verschoben werden. Diese Versetzungen werden durch die Erdkrümmung erzwungen. Würde man sie beseitigen, würden sich die Straßen allmählich einander nähern und Gebiete von weniger als einer Quadratmeile bilden.

Auf dreidimensionale Verhältnisse übertragen, könnte man sich ein gigantisches Gerüst aus geraden Stangen gleicher Länge vorstellen, die genau im Winkel von neunzig und hundertachtzig Grad zusammengefügt werden sollen. Wenn der Raum flach ist, kann die Konstruktion ohne Schwierigkeiten erfolgen. Wenn der Raum gekrümmt ist, so

muß man einige Stangen anpassen, indem man sie kürzt
oder verlängert.«[7]

Nach Einstein wird die Krümmung durch das Vorhandensein von Masse oder Energie hervorgerufen. Jeder massive Körper trägt zur Krümmung der Raumzeit bei. Gegenstände, die sich »geradeaus« bewegen, werden im Universum gezwungen, gekrümmten Bahnen zu folgen. Stellen Sie sich ein Trampolin vor (Abb. 4.1). In seinem Zentrum liegt eine Bowlingkugel, die eine Verformung der Sprungfläche hervorruft. Versuchen Sie nun, einen Golfball auf einer geraden Linie an der Bowlingkugel vorbeirollen zu lassen. Der Golfball wird zweifellos seine Richtung ein wenig ändern, wenn er sich der Verformung, hervorgerufen durch die Bowlingkugel, nähert. Nicht nur das, der Ball könnte beispielsweise auch eine Ellipse beschreiben und in Ihre Richtung zurückrollen. Ganz ähnlich ergeht es dem Mond, der versucht, sich auf einer geraden Linie an der Erde vorbeizubewegen. Die Erde krümmt die Raumzeit, so wie die Bowlingkugel die Sprungfläche krümmt. Die Bahn des Mondes entspricht dem, was einer geraden Linie in der gekrümmten Raumzeit am nächsten kommt.

Sie werden bemerkt haben, daß Einstein das gleiche Phänomen beschrieb wie Newton. Nach Einstein bewirkt ein massives Objekt eine Krümmung der Raumzeit. Nach Newton sendet ein massives Objekt eine Kraft aus. Das Ergebnis ist in beiden Fällen die Richtungsänderung eines zweiten Objekts. Entsprechend der Allgemeinen Relativitätstheorie sind »Gravitationsfeld« und »Krümmung« dasselbe.

Berechnet man die Planetenbahnen in unserem Sonnensystem sowohl nach Newtons als auch Einsteins Theorie, erhält man beinahe exakt das gleiche Ergebnis. Allein beim Merkur ist das nicht der Fall. Von allen Planeten, die sich um die Sonne drehen, steht er ihr am nächsten und wird daher auch in höherem Maße von der Gravitation beeinflußt als die anderen. Die Beobachtung zeigt, daß die Bahn des Merkur mit Einsteins Theorie besser übereinstimmt als mit der Newtons.

Einsteins Theorie sagt voraus, daß auch andere Objekte, nicht nur Planeten und Monde, von der Krümmung des Raumes beeinflußt werden. Auch Photonen (die Teilchen des Lichtes) bewegen sich danach auf gekrümmten Bahnen. Wenn ein Lichtstrahl von einem fremden Stern

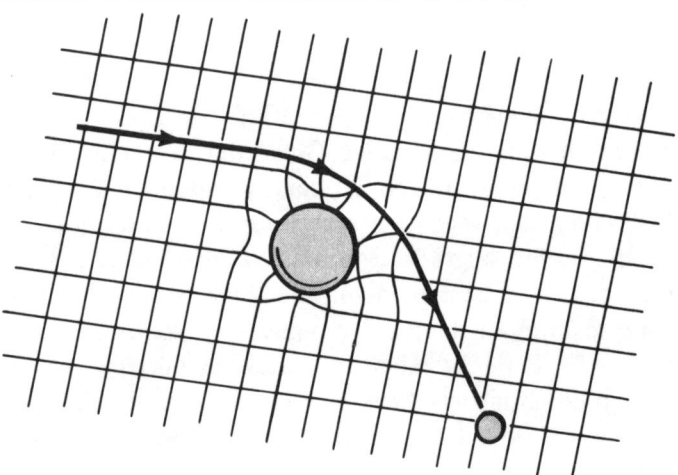

Abb. 4.1
Eine Bowlingkugel beult da, wo sie liegt, das elastische Sprungtuch aus. Wenn man versucht, einen kleineren Ball an der Bowlingkugel vorbeizurollen, wird die Bahn des kleineren Balles gekrümmt, wenn er durch das von der Bowlingkugel verzerrte Gebiet kommt. In ähnlicher Weise verzerrt eine Masse die Raumzeit. Die Wege in der Raumzeit werden abgelenkt, wenn sie auf eine Krümmung treffen, die durch massivere Objekte erzeugt wird.

kommt und sein Weg nahe an unserer Sonne vorbeiführt, so bewirkt die Krümmung der Raumzeit in der Nähe der Sonne, daß er nach innen zur Sonne hin abgelenkt wird, gerade so wie in unserem Modell der Weg des Golfballes in Richtung der Bowlingkugel. Gelegentlich wird das Licht genau so gekrümmt, daß es schließlich auf unsere Erde auftrifft. Unsere Sonne ist zu hell, als daß wir das Licht dieser Sterne sehen könnten, es sei denn, es herrscht gerade eine Sonnenfinsternis. Doch gesetzt den Fall, wir sehen diese Sterne bei einer solchen Gelegenheit, dann würden wir uns über die Richtung, aus der das Licht kommt, und die tatsächliche Position des Sterns täuschen – wenn wir uns nicht klarmachen, daß die Sonne den Weg des Sternenlichtes abgelenkt hat (Abbildung 4.2). Die Astronomen nutzen diesen Effekt. Sie ermitteln die Masse der Objekte im Raum, indem sie messen, wie stark diese den Weg des Lichtes entfernter Sterne krümmen. Je größer die Masse des »Ablenkers«, desto stärker die Krümmung.

Wir haben über jene Gravitation gesprochen, die sich im Bereich des Großen beobachten läßt. Das ist die natürliche Größenordnung, bei der sich die Gravitation deutlich bemerkbar macht – bei Sternen, Galaxien, im gesamten Universum selbst –, und das ist auch die Größenordnung, mit der sich Hawking Ende der sechziger Jahre beschäftigte. Wie bereits im zweiten Kapitel angesprochen, kann Gravitation aber auch im Bereich des ganz Kleinen, auf Quantenniveau, betrachtet werden. Solange wir sie dort nicht beobachten können, werden wir sie niemals mit den anderen drei Kräften vereinheitlichen können, von denen zwei ausschließlich auf diesem Niveau agieren. Die Quantenmechanik erklärt die Anziehungskraft zwischen der Erde und dem Mond als einen Austausch von Gravitonen (die Bosonen, Botenteilchen der Gravitationskraft) zwischen den Teilchen, die diese beiden Himmelskörper bilden.

Mit diesem Hintergrund wenden wir uns nun einer kleinen Science-fiction-Geschichte zu.

Der Tag, an dem die Erde gequetscht wurde

Rufen Sie sich ins Gedächtnis zurück, auf welche Weise Sie die Gravitation auf der Erde spüren (Abb. 4.3a). Dann stellen Sie sich vor, Sie verbringen Ihren Urlaub im Weltraum und während Ihrer Abwesenheit geschieht etwas

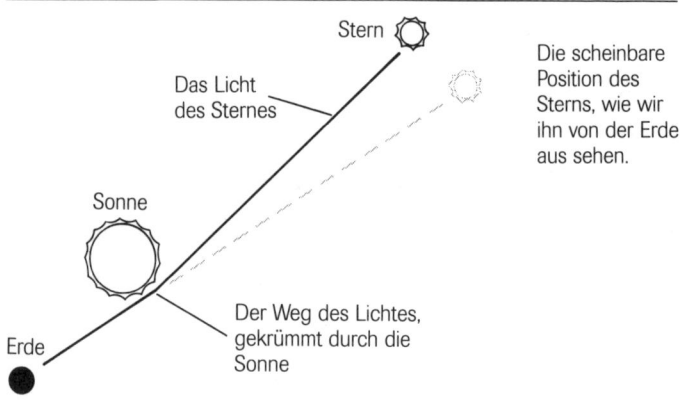

Abb. 4.2

Da die Masse eine Krümmung der Raumzeit verursacht, wird das Licht, das von einem fernen Stern kommt, gebeugt, wenn es einen massiven Körper passiert. Beachten Sie die Differenz zwischen der Position des Sternes, wie wir sie von der Erde aus sehen, und seiner tatsächlichen Position.

Merkwürdiges mit der Erde: Sie wird zusammenge-
quetscht. Danach besitzt sie nur noch die Hälfte ihrer
ursprünglichen Größe. Sie hat noch die gleiche Masse wie
zuvor, aber sie ist dichter geworden. Bei der Rückkehr von
Ihren Ferien schwebt das Raumschiff noch eine Weile in
der Höhe, in der sich früher die Erdoberfläche befunden
hat. Sie fühlen sich hier genauso schwer wie zu der Zeit,
bevor Sie weggeflogen sind. Die Anziehungskraft der Erde
ist gleichgeblieben, denn weder Ihre Masse noch die der
Erde hat sich geändert, und Sie haben gleichen Abstand
zum Zentrum der Gravitation (erinnern Sie sich an Newton!). Auch der Mond über Ihnen kreist noch wie zuvor.
Wenn Sie jedoch auf der neuen Erdoberfläche landen, die
dem Zentrum der Gravitation ein ganzes Stück näher ist,
so wird die Gravitation viermal so stark sein wie die, an die
Sie sich erinnern können. Sie kommen sich viel schwerer
vor (Abb. 4.3b).

Was wäre, wenn sich etwas noch Dramatischeres ereignet
hätte? Was wäre, wenn die Erde auf die Größe einer Erbse
geschrumpft wäre, die gesamte Masse der Erde, Milliarden von Tonnen, zusammengepreßt auf so kleinem Raum?
Die Anziehungskraft auf ihrer Oberfläche wäre so stark,
daß die Geschwindigkeit, um sie wieder zu verlassen, größer sein müßte als die Lichtgeschwindigkeit. Nicht einmal
mehr das Licht könnte sich entfernen. Die Erde wäre ein
Schwarzes Loch. Außerhalb dieses Radius jedoch, in dem
Raum, wo sich die Oberfläche der Erde vor dem Zusammenpressen befand, würde man ihre Anziehung noch genauso stark fühlen wie jetzt (Abb. 4.3c). Und auch der
Mond würde noch genauso seine Kreise ziehen wie zuvor.

Soviel wir heute wissen, kann diese Geschichte nie Wirklichkeit werden. Planeten werden nicht zu Schwarzen Lö-

(a)

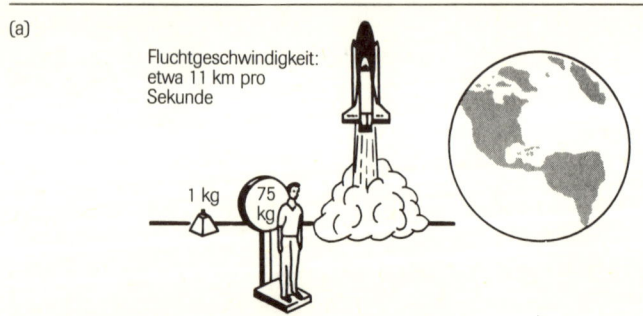

Fluchtgeschwindigkeit:
etwa 11 km pro
Sekunde

1 kg   75 kg

Erdradius: etwa 6500 km

(b)

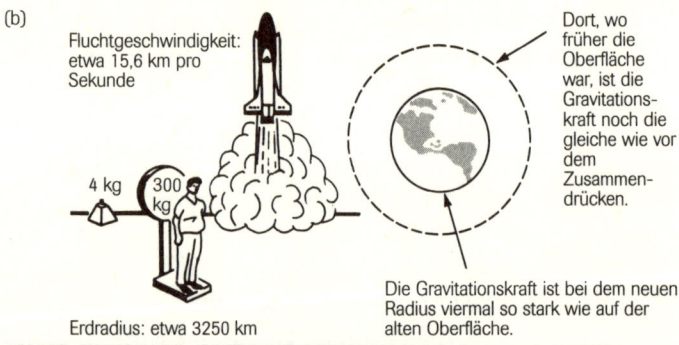

Fluchtgeschwindigkeit:
etwa 15,6 km pro
Sekunde

4 kg   300 kg

Erdradius: etwa 3250 km

Dort, wo
früher die
Oberfläche
war, ist die
Gravitations-
kraft noch die
gleiche wie vor
dem
Zusammen-
drücken.

Die Gravitationskraft ist bei dem neuen
Radius viermal so stark wie auf der
alten Oberfläche.

(c) Dort, wo einst die Erdoberfläche war, ist die
Gravitationskraft immer noch genauso groß wie früher.

Auf jeder dieser
Bahnen ist die
Gravitation noch
so groß wie zu
den Zeiten, als
die Erde die
entsprechende
Ausdehnung
hatte.

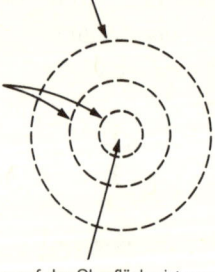

Die gesamte Erde hat nun die
Größe einer Erbse.

Fluchtgeschwindigkeit:
größer als die
Lichtgeschwindigkeit
(300 000 km pro Sekunde)

Die Gravitation auf der Oberfläche ist nun so stark, daß
selbst das Licht nicht mehr entweichen kann.

Abb. 4.3
Der Tag, an dem die Erde gequetscht wurde

chern. Manche Sterne hingegen haben da ganz gute Chan-
cen. Lassen Sie uns die Geschichte noch mal erzählen,
diesmal mit einem Stern.

Wir beginnen mit einem Stern, der die zehnfache Masse
unserer Sonne besitzt. Der Radius des Sterns beträgt etwa
drei Millionen Kilometer, etwa das Fünffache der Sonne.
Die Fluchtgeschwindigkeit liegt bei rund eintausend Kilometern pro Sekunde. Ein solcher Stern hat eine Lebensdauer von ungefähr hundert Millionen Jahren, in denen
sich ein Tauziehen um Leben und Tod in ihm abspielt.

Auf der einen Seite des Taus ist die Gravitation, die Anziehungskraft eines jeden Teilchens innerhalb des Sterns auf
jedes andere. Die Gravitation war jene erste Kraft, die
Teilchen zu einem Gas verband und schließlich den Stern
formte. Sie ist um so stärker, je näher die Teilchen beieinander sind. Die Mannschaft der Gravitation versucht
beim Tauziehen, den Stern kollabieren zu lassen.

Auf der anderen Seite des Seils steht der Druck des Gases
im Inneren des Sterns. Er entsteht durch die Energie, die
frei wird, wenn Wasserstoffkerne aufeinanderprallen und
sich zu Heliumkernen verbinden. Sie bringt den Stern zum
Leuchten und erzeugt ausreichend Druck, um die Gravitation auszugleichen und so den Stern vor dem Kollaps zu
bewahren.

Über Hunderte Millionen Jahre hält das Tauziehen an,
doch dann geht der Brennstoff des Sterns zur Neige: Es
gibt keinen Wasserstoff mehr, der zu Helium fusionieren
könnte. Einige Sterne verbrennen jetzt Helium zu schwe-
reren Elementen, aber das gewährt ihnen nur einen kurzen
Aufschub. Wenn es keinen Druck mehr gibt, der die Gravitation ausgleicht, schrumpft der Stern. Damit wird die
Gravitation auf seiner Oberfläche stärker und stärker, so
wie die Anziehungskraft auf der Erdoberfläche in der Ge-

schichte von der gequetschten Erde. Er muß nicht bis auf die Größe einer Erbse zusammenschrumpfen, um ein Schwarzes Loch zu bilden. Wenn der zehn Sonnenmassen schwere Stern einen Radius von etwa dreißig Kilometern hat, beträgt die Fluchtgeschwindigkeit an seiner Oberfläche 300 000 Kilometer pro Sekunde, also Lichtgeschwindigkeit. Wenn selbst das Licht nicht mehr entfliehen kann, wird der Stern zu einem Schwarzen Loch (Abb. 4.4). (Aus Gründen, auf die in diesem Buch nicht eingegangen wird, schrumpfen Sterne mit weniger als acht Sonnenmassen vermutlich niemals zu einem Schwarzen Loch zusammen. Nur massive Sterne werden zu Schwarzen Löchern.)

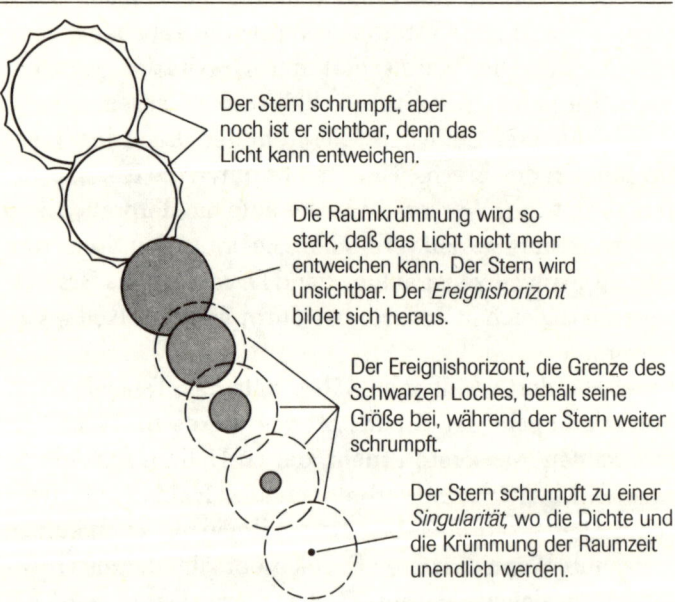

Der Stern schrumpft, aber noch ist er sichtbar, denn das Licht kann entweichen.

Die Raumkrümmung wird so stark, daß das Licht nicht mehr entweichen kann. Der Stern wird unsichtbar. Der *Ereignishorizont* bildet sich heraus.

Der Ereignishorizont, die Grenze des Schwarzen Loches, behält seine Größe bei, während der Stern weiter schrumpft.

Der Stern schrumpft zu einer *Singularität,* wo die Dichte und die Krümmung der Raumzeit unendlich werden.

Abb. 4.4
Ein Stern kollabiert und wird zu einem Schwarzen Loch.

76

Wenn die Fluchtgeschwindigkeit auf der Oberfläche größer geworden ist als die Geschwindigkeit des Lichtes, brauchen wir nicht mehr zu fragen, ob er noch weiter schrumpft. Selbst wenn das nicht der Fall wäre, hätten wir ein Schwarzes Loch. Denken Sie daran, daß sich die Gravitation in unserer Geschichte von der gequetschten Erde am ursprünglichen Radius der Erdoberfläche niemals änderte. Ob nun unser Stern zu einem Punkt unendlicher Dichte weiterschrumpft oder aufhört zu schrumpfen, wenn die Fluchtgeschwindigkeit auf der Oberfläche Lichtgeschwindigkeit erreicht – die Gravitation wäre die gleiche, solange sich die Masse des Sterns nicht ändert. Die Fluchtgeschwindigkeit bei diesem einen bestimmten Radius ist gleich der Lichtgeschwindigkeit, unabhängig davon, ob sich dort die Oberfläche des Sterns befindet oder nicht. Das Licht dieses Sterns wird ihm niemals entkommen, und Strahlen von entfernten Sternen, die ihm nahe kommen, werden nicht immer nur abgelenkt. Manchmal werden sie von der Energie des Schwarzen Loches angezogen und umkreisen es mehrfach, ehe sie wieder entrinnen können oder hineingezogen werden (Abb. 4.5). Wenn das Licht in das Schwarze Loch hineingeraten ist, wird es niemals mehr entweichen. Nichts kann eine größere Geschwindigkeit erreichen als das Licht. Welch eine tiefe Schwärze, welch ein totaler »Blackout«! Kein Licht, keine Reflexion, keine Strahlung irgendeiner Art, kein Ton, keine Raumsonde, absolut keine Information kann entweichen. Ein Schwarzes Loch, in der Tat!

Der Radius, bei dem die Fluchtgeschwindigkeit gleich der Lichtgeschwindigkeit ist, wird zur Grenze des Schwarzen Loches, zum Radius ohne Wiederkehr: zum *Ereignishorizont*. Hawking und Penrose schlugen gegen Ende der sechziger Jahre vor, ein Schwarzes Loch als ein Gebiet des

Universums oder »Mengen von Ereignissen« zu betrachten, denen man unmöglich wieder entweichen kann. Und diese Definition hat ihre Gültigkeit bis heute nicht verloren. Ein Schwarzes Loch mit seinem Ereignishorizont als äußerer Grenze hat die Form einer Kugel oder, wenn es sich dreht, einer ausgebuchteten Kugel, die elliptisch wirken würde, wenn man sie sehen könnte. Markiert wird der Ereignishorizont von jenem Licht, das genau auf dem Rand des runden Gebietes schwebt, da es zwar nicht in das Schwarze Loch hineingezogen wird, aber auch nicht entfliehen kann. Die Gravitation bei diesem Radius ist stark genug, um nichts entkommen zu lassen, aber zu schwach, um das Licht noch weiter anzuziehen. Kann man den Ereignishorizont also als große schimmernde Kugel im Weltall sehen? Nein, wenn die Photonen von dort nicht entfliehen können, so können sie auch nicht unsere Augen erreichen.

Die Größe des Schwarzen Loches hängt von seiner Masse ab. Um den Radius des Schwarzen Loches (den Ereignishorizont) zu bestimmen, multipliziert man die Anzahl der Sonnenmasse des Schwarzen Loches (die gleiche Masse, die der Stern vor dem Kollaps hatte, es sei denn, der Stern hätte beim Kollaps Masse verloren) mit drei. Man erhält dann das Ergebnis, ausgedrückt in Kilometern. Ein Schwarzes Loch von zehn Sonnenmassen hat also einen Ereignishorizont mit einem Radius von dreißig Kilometern. Wenn sich die Masse ändert, wird auch der Radius des Ereignishorizontes größer oder kleiner. Das Schwarze Loch ändert seine Größe. Wir werden später noch genauer auf diese Möglichkeit eingehen.

Ist der Vorhang des Ereignishorizontes zugezogen, ist der Stern völlig abgeschlossen vom übrigen Universum, denn jegliches Licht, das er aussendet, zieht er sofort wieder an

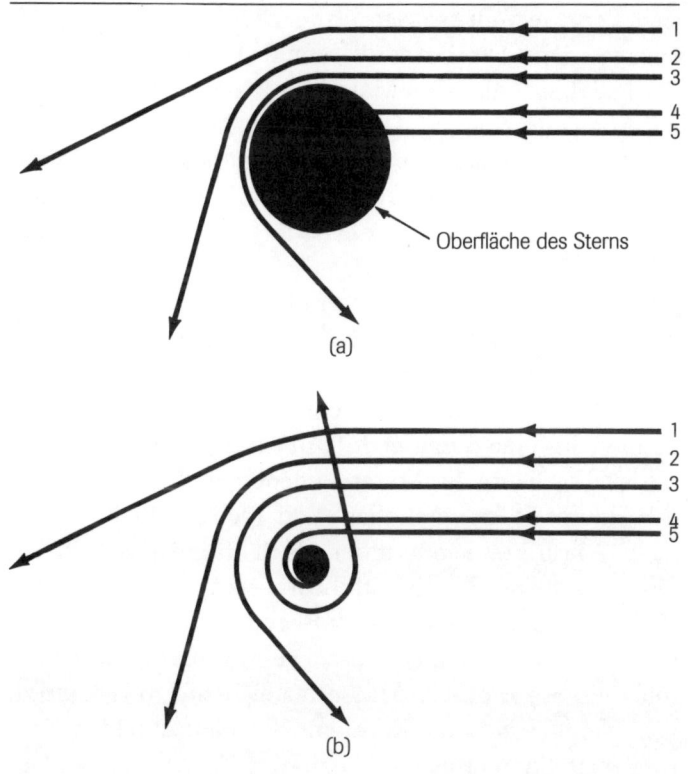

(a)

Oberfläche des Sterns

(b)

Abb. 4.5

Im oberen Bild (a) bewegen sich Teilchen aus dem All auf einen Stern zu. Die Wege der Teilchen 1, 2 und 3 werden abgelenkt, wenn sie den Stern passieren, und je näher ein Teilchen dem Stern kommt, desto größer ist die Ablenkung. Teilchen 4 und 5 treffen auf die Oberfläche des Sterns.

Bei (b) sehen wir den gleichen Vorgang, nachdem der Stern zu einem Schwarzen Loch geworden ist. Die Teilchen 1, 2 und 3 werden genauso abgelenkt wie zuvor, weil die Raumzeit außerhalb des Sterns die gleiche ist wie außerhalb eines Schwarzen Loches der gleichen Masse. Teilchen 4 kreist um das Schwarze Loch und entschwindet. Es kann auch mehrmals kreisen. Teilchen 5 wird vom Schwarzen Loch eingefangen.

sich. Penrose wollte wissen, ob der Stern weiter schrumpft oder was sonst aus ihm wird. Er fand heraus, daß ein Stern, der kollabiert, all seine Masse – wie oben beschrieben – unter seiner eigenen Oberfläche gefangenhält. Selbst wenn der Stern nicht ganz rund und glatt ist, hört er nicht auf zu kollabieren. Die Oberfläche schrumpft tatsächlich auf die Größe Null samt aller Materie, die in ihr eingeschlossen ist. Unser gewaltiger Stern mit zehn Sonnenmassen ist dann nicht nur in einem Gebiet mit einem Radius von dreißig Kilometern eingeschlossen (wo nach wie vor sein Ereignishorizont liegt), sondern in einem Gebiet vom Radius *Null* und Volumen Null. Mathematiker nennen das eine *Singularität.* An einer solchen Singularität ist die Dichte der Materie unendlich. Die Krümmung der Raumzeit ist unendlich, und Lichtstrahlen werden nicht gekrümmt, sondern unendlich oft aufgewickelt.

Die Allgemeine Relativitätstheorie sagt die Existenz von Singularitäten voraus, aber zu Beginn der sechziger Jahre nahmen das nur wenige ernst. Die Physiker glaubten damals, ein Stern, dessen Masse ausreichend groß ist, um zu kollabieren, *könnte* am Ende eine Singularität bilden. Penrose zeigte, daß er es *muß,* wenn das Universum den Gesetzen der Allgemeinen Relativitätstheorie folgt.

»Es gibt eine Singularität in unserer Vergangenheit«

Penroses Idee elektrisierte Stephen Hawking. Er erkannte, daß Penroses Theorie ihre Gültigkeit behält, auch wenn man die Richtung der Zeit umkehrt, so daß der Kollaps zu einer Expansion wird. Wenn die Allgemeine Relativitätstheorie besagt, daß jeder Stern, der in seiner Entwicklung eine bestimmte Schwelle überschreitet, in einer Singularität enden muß, dann bedeutet das auch, daß jedes expandierende Universum mit einer Singularität begonnen haben muß. Hawking folgerte daraus, daß das Universum dem sogenannten Friedmann-Modell entsprechen muß. Worum handelt es sich dabei?

Bis zu der Zeit, als Hubble nachwies, daß das Universum expandiert, dominierte der Glaube an ein stabiles Universum (dessen Größe immer gleich ist). Als Einstein 1915 seine Allgemeine Relativitätstheorie veröffentlichte, sagte diese Theorie ein expandierendes Universum voraus. Einstein jedoch war sich so sicher, daß das nicht stimmen konnte, daß er seine Theorie noch einmal überarbeitete. Er fügte ihr eine »kosmologische Konstante« hinzu, die eine Gegenkraft zur Gravitation darstellte.

Der russische Physiker Alexander Friedmann betrachtete Einsteins Allgemeine Relativitätstheorie ohne kosmologische Konstante und sagte eben das voraus, was Hubble 1929 bewies und wir inzwischen als wahr erkannt haben: Das Universum ändert seine Größe, es expandiert.

Friedmann begann mit zwei Annahmen: (1) Das Universum, mit Ausnahme einiger benachbarter Objekte wie unsere Milchstraße und unser Sonnensystem, sieht ziemlich gleich aus, unabhängig davon, in welche Richtung man sieht. (2) Der erste Satz gilt, gleichgültig, an welchem Punkt im Universum der Betrachter sich befindet. Mit anderen Worten: Unabhängig davon, an welchem Punkt des Weltraums man ist, das Universum sieht stets ziemlich gleich aus, wohin man auch blickt.

Friedmanns erste Annahme ist relativ leicht zu akzeptieren, die zweite hingegen nicht. Wir haben keinen wissenschaftlichen Beweis dafür oder dagegen. Hawking meint dazu: »Wir glauben einfach aus Gründen der Bescheidenheit an sie: Es wäre höchst erstaunlich, böte das Universum, von anderen Punkten als der Erde aus betrachtet, einen Anblick, der von dem sich uns offenbarenden Bild abwiche.«[8] Vielleicht erstaunlich, aber nicht unmöglich, mögen Sie jetzt denken. Weder Bescheidenheit noch Stolz sind logische Gründe, um etwas zu glauben. Aber nichtsdestotrotz neigen Physiker dazu, Friedmann zuzustimmen.

In Friedmanns Modell des Universums bewegen sich alle Galaxien voneinander weg, und je größer die Entfernung zwischen zwei Galaxien ist, desto schneller wird dieses Auseinanderdriften. Nach Friedmann gilt: Gleichgültig, zu welchem Punkt des Universums Sie reisen, Sie werden immer die Beobachtung machen, daß sich alle Galaxien von Ihnen wegbewegen. Um das besser nachvollziehen zu können, stellen Sie sich eine Ameise vor, die auf einem Ballon krabbelt, auf dem sich in regelmäßigen Abständen Punkte befinden. Gehen Sie außerdem davon aus, daß das Insekt die Dimension, die es ihr erlauben würde, aus der Fläche des Ballons »herauszublicken«, nicht wahrnehmen kann. Ebensowenig begreift es, daß der Ballon ein Inneres hat. Das Universum der Ameise beinhaltet nur die Fläche des Ballons, und die sieht nach allen Richtungen gleich aus, unabhängig davon, wo die Ameise kriecht. Sie sieht ebensoviel Punkte vor sich wie hinter sich. Wenn man den Ballon weiter aufbläst, stellt die Ameise fest, daß sich alle Punkte von ihr wegbewegen, unabhängig davon, wo sie sich gerade befindet. Das »Ballonuniversum« erfüllt beide Annahmen Friedmanns. Es sieht immer gleich aus, unabhängig davon, in welche Richtung man blickt und wo man sich befindet.

Welche weiteren Aussagen können wir über dieses Universum machen? Es ist nicht unendlich groß. Die Fläche hat eine Größe, die wir messen können, so wie die Oberfläche der Erde. Niemand glaubt, die Oberfläche der Erde sei unendlich groß. Doch es gibt auch keine Grenzen, kein Ende. Gleichgültig, wohin die Ameise krabbelt, sie kommt niemals an eine Barriere, findet niemals das Ende der Fläche oder fällt gar an ihrem Rand hinunter. Möglicherweise führt ihr Weg wieder zu ihrem Ausgangspunkt zurück.

In Friedmanns ursprünglichem Modell sieht der Raum ganz ähnlich aus, nur daß er drei Dimensionen hat statt zwei. Die Gravitation krümmt den Raum so, daß er in sich abgeschlossen ist. Das Universum ist danach nicht unendlich groß, aber es hat weder ein räumliches Ende noch eine Grenze. Kein Raumschiff wird jemals an einen Ort kommen, an dem das Universum nicht mehr weitergeht. Das mag schwer zu verstehen sein, weil wir dazu neigen, den Begriff »unendlich« mit »kein Ende zu haben« gleichsetzen. Man muß aber zwischen unendlich und unbegrenzt unterscheiden.

Hawking betont allerdings, daß die Idee, das ganze Weltall zu durchfliegen, um wieder an den Ausgangspunkt zurückzukommen, zwar das Thema für einen spannenden Science-fiction-Roman abgeben mag – es könnte aber nicht funktionieren, zumindest nicht in diesem Friedmann-Universum. Man müßte nämlich die Höchstgeschwindigkeit des Universums (die Lichtgeschwindigkeit) überschreiten, was nicht möglich ist. Denn nur so könnte man die Reise beenden, bevor das Universum wieder vergangen ist. Es handelt sich nun mal um einen extrem großen Ballon, und wir sind extrem kleine Ameisen.

Ebenso wie der Raum ist auch die Zeit in diesem Friedmann-Modell keine unendliche Größe. Und sie kann gemessen werden. Die Zeit *hat* Grenzen, anders als der Raum: Sie hat einen Anfang und ein Ende. Betrachten Sie die Abb. 4.6a. Der Abstand zweier Galaxien am Anfang der Zeit ist Null. Sie bewegen sich voneinander weg. Die Expansion ist langsam genug, und es gibt genügend Masse im Universum, damit die Anziehungskraft die Expansion zum Stillstand bringen und das Universum veranlassen kann, sich zusammenzuziehen. Die Galaxien bewegen sich wieder aufeinander zu. Am Ende der Zeit ist der Abstand zwischen ihnen wieder Null. So könnte unser Universum beschaffen sein.

Die Abb. 4.6b und 4.6c zeigen zwei andere Modelle, die ebenfalls Friedmanns Annahme (das Universum sieht gleich aus nach jeder Richtung, und es sieht gleich aus, wo immer sich der Beobachter befindet) folgen. In Abb. 4.6b geht die Ausdehnung sehr viel schneller vor sich. Die Gravitation kann sie nicht zum Stillstand bringen, obwohl sie sie etwas verlangsamt. In Abb. 4.6c expandiert das Universum gerade ausreichend schnell, um nicht zu kollabieren, aber nicht so schnell wie in Abb. 4.6b. Die Geschwindigkeit, mit der die Galaxien auseinandertreiben, wächst immer langsamer, aber sie bewegen sich stets voneinander fort. Falls das Universum einem dieser beiden Modelle entspricht, ist die Zeit unendlich.

Welches Modell des Universums ist das richtige? Wird das Universum eines Tages kollabieren, oder wird es für immer expandieren? Im Augenblick wissen wir noch nicht genug, um diese Frage zu beantworten. Es hängt davon ab, wieviel Masse es im Universum gibt, wie viele Stimmberechtigte es in der gesamten Demokratie gibt. Es ist viel mehr Masse nötig als jene, die wir heute kennen, um das Universum als geschlossen zu betrachten.

Penroses Theorie über Sterne, die kollabieren und Singularitäten werden, funktionierte nur in einem Universum, das räumlich unendlich ist und für immer expandiert (wie in

Abb. 4.6b und 4.6c), nicht aber kollabiert (wie in Abb. 4.6a.) Hawking machte sich zunächst daran zu beweisen, daß ein räumlich unendliches Universum nicht nur Singularitäten in Form von Schwarzen Löchern besitzt, sondern daß es auch als Singularität begonnen haben muß. Als er seine Dissertation abgeschlossen hatte, war er sich seiner Sache sicher genug, um die Behauptung aufzustellen: »Es gibt eine Singularität in unserer Vergangenheit.«[9]

Was aber, wenn Friedmanns erstes Modell korrekt wäre, bei dem das Universum nicht unendlich ist und schließlich kollabiert (Abb. 4.6a)? Muß ein solches Universum ebenfalls mit einer Singularität beginnen? Im Jahre 1970 konnte Hawking zeigen, daß es so sein mußte. Er und Penrose verfaßten zusammen eine Arbeit, in der sie folgendes darlegten: Wenn das Weltall der Allgemeinen Relativitätstheorie folgt, *irgendeinem* der Friedmann-Modelle entspricht und es soviel Materie im All gibt, wie wir beobachten, dann muß das Universum mit einer Singularität begonnen haben. Und diese Singularität entspricht einem Zustand, in dem die gesamte Masse des Universums unendlich dicht komprimiert war, in dem die Krümmung der Raumzeit unendlich war und jeder Abstand zwischen den Objekten Null.

Physikalische Theorien können nicht wirklich mit unendlichen Zahlen arbeiten. Wenn die Allgemeine Relativitätstheorie eine Singularität mit unendlicher Dichte und unendlicher Krümmung der Raumzeit vorhersagt, dann prognostiziert sie auch ihren eigenen Zusammenbruch. In der Tat versagen alle unsere wissenschaftlichen Theorien, wenn es um Singularitäten geht. Sie verlieren dann ihre Fähigkeit, etwas vorauszusagen. Wir können die Gesetze der Physik nicht dazu verwenden, Aussagen darüber zu formulieren, was aus einer Singularität erwächst: Es

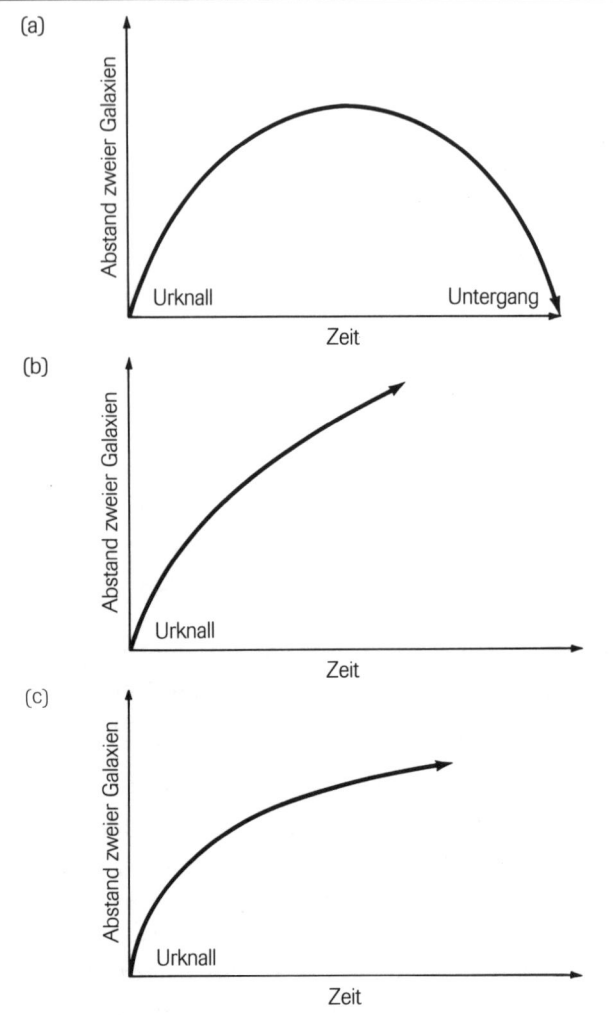

Abb. 4.6
Drei Modelle, die Friedmanns Annahmen genügen, daß das
Universum stets gleich aussieht, unabhängig von Blickrichtung und
Standpunkt des Betrachters.

könnte jede Art von Universum sein. Und wie gehen wir mit der Frage um, was sich *vor* der Singularität ereignet habe? Man weiß noch nicht einmal, ob diese Frage überhaupt irgendeinen Sinn hat.

Eine Singularität am Anfang unseres Universums würde bedeuten, daß sich dieser Beginn unserer Wissenschaft vollkommen entzieht – und damit auch jedem Ansatz, eine vollständige einheitliche Theorie aufzustellen. Wir müßten einfach sagen, die Zeit begann, weil das unserer Beobachtung entspräche. Und das wiederum ist eine sehr unsichere Sache. Eine Singularität ist wie eine Tür, die krachend vor unserer Nase ins Schloß fällt.

5

»Explodieren Schwarze Löcher?«

Eines Abends im November [1970], kurz nach der Geburt meiner Tochter Lucy, dachte ich über Schwarze Löcher nach, während ich zu Bett ging. Meine Körperbehinderung machte diese alltägliche Handlung zu einem ziemlich langwierigen Prozeß, so daß mir viel Zeit für meine Überlegungen blieb.«[1]

An diesem Abend ging Stephen Hawking eine Idee durch den Kopf, die im nachhinein so naheliegend schien, als hätte jeder darauf kommen können. Aber dennoch versetzte sie Hawking in solche Aufregung, daß er fast die ganze Nacht kein Auge zutat. Hawking ist der festen Überzeugung, daß auch Penrose diesen Gedanken gehabt haben mußte, ohne jedoch seine Bedeutung zu erkennen.

Hawking war plötzlich klargeworden, daß ein Schwarzes Loch eigentlich niemals kleiner werden kann, da die Fläche innerhalb eines Ereignishorizontes (der Radius ohne Wiederkehr, an dem die Fluchtgeschwindigkeit größer als die Lichtgeschwindigkeit wird) immer gleichbleibt.

Um es noch einmal zusammenzufassen: Ein kollabierender Stern erreicht den Radius, an dem die Fluchtgeschwindigkeit gleich der Lichtgeschwindigkeit ist. Was geschieht mit Photonen, die dann emittiert werden, wenn der Stern genau diesen Umfang hat? Die Gravitation ist zu stark, als daß die Photonen entweichen könnten, aber nicht stark genug, um sie ins Schwarze Loch hineinzuziehen. So bleiben die Photonen hier schweben. Dieser Radius ist der Ereignishorizont. Wenn der Stern noch stärker schrumpft, hält seine Anziehungskraft hingegen jedes weitere Photon, das er emittiert, zurück.

Hawking erkannte nun, daß die Wege der Lichtstrahlen, die auf dem Ereignishorizont schweben, nicht die Wege von Lichtstrahlen sein können, die sich einander nähern. Lichtstrahlen, die sich einander nähern, prallen irgendwann aufeinander und fallen in das Schwarze Loch, anstatt zu schweben. Damit der Ereignishorizont (und das Schwarze Loch) kleiner werden können, müssen sich die Wege der Lichtstrahlen jedoch einander nähern. Aber wenn sie das wirklich tun sollten, würden sie hineinstürzen und der Ereignishorizont bliebe dort, wo er war.

Andererseits sollte man sich vor Augen führen, daß Schwarze Löcher durchaus *größer werden können*. Im vierten Kapitel wurde dargelegt, daß die Größe des Schwarzen Loches durch seine Masse bestimmt ist. So wird ein Schwarzes Loch größer, wenn immer wieder etwas hineinfällt und zu seiner Masse beiträgt. Da hingegen nichts aus einem Schwarzen Loch herauskann, wird sich seine Masse niemals verringern: Ein Schwarzes Loch kann nicht kleiner werden.

Hawkings Entdeckung wurde als der Zweite Hauptsatz der Dynamik Schwarzer Löcher bekannt: Die Fläche des Ereignishorizontes (die Grenze des Schwarzen Loches) kann gleichbleiben oder sich vergrößern, aber niemals kleiner werden. Wenn zwei oder mehr Schwarze Löcher zusammenstoßen und sich zu einem einzigen Schwarzen Loch vereinen, ist die Fläche des neuen Erlebnishorizontes mindestens so groß wie die vorigen Horizonte zusammen. Ein Schwarzes Loch kann nicht kleiner werden, nichts und niemand kann es zerstören oder in zwei

Schwarze Löcher zerteilen. Hawkings Idee erinnert an einen anderen »Zweiten Hauptsatz« in der Physik: den Zweiten Hauptsatz der Thermodynamik, der über die Entropie Aussagen macht.

Entropie ist der Grad der Unordnung, die in einem System herrscht. Wir wissen, daß die Unordnung stets größer, niemals kleiner wird. Denken Sie an ein fertiges Puzzlespiel, das jemand sorgfältig in eine Schachtel gelegt hat. Wenn nun jemand dagegenstößt, kann es passieren, daß sich die Teile vermischen und das Bild zerstört wird. Das wäre nicht weiter verwunderlich. Es wäre hingegen sehr erstaunlich, wenn ein Stoß bewirken würde, daß viele ungeordnete Teile genau so fallen, daß sich zufällig das fertige Puzzle ergibt. In unserem Universum erhöht sich die Unordnung (Entropie) ständig. Zerbrochene Teetassen setzen sie niemals wieder selbst zusammen, und Ihr unordentliches Zimmer wird sich nie von selbst aufräumen.

Nehmen Sie aber an, Sie waschen Ihre Teetasse aus oder räumen Ihr Zimmer auf. Dann sieht einiges ordentlicher aus als zuvor. Verringert sich also die Entropie? Nein, die geistige und psychische Energie, die Sie bei diesem Prozeß verbrauchen, verwandelt sich in eine viel nutzlosere Form. Dies wiederum stellt eine Verkleinerung der Ordnung im Universum dar, die jegliche Vergrößerung der Ordnung, die Sie erreicht haben, ausgleicht.

Auch in einer weiteren Hinsicht erinnert die Entropie an den Ereignishorizont des Schwarzen Loches. Wenn sich zwei Systeme vereinen, dann ist die Entropie des kombinierten Systems mindestens so groß wie die Entropie der beiden Teilmassen zusammen. Ein gängiges Beispiel für diesen Sachverhalt ist das Verhalten der Gasmoleküle in einem kleinen Behälter. Denken Sie an kleine Bälle, die sich gegenseitig anstoßen und von der Wand abprallen. In der Mitte des Behälters gibt es einen Schieber. Die Hälfte der Box (auf der einen Seite der Trennwand) ist mit Sauerstoffmolekülen gefüllt, die andere Hälfte mit Stickstoffmolekülen. Wenn man den Schieber hochzieht, beginnen sich Sauerstoff und Stickstoff zu vermengen. Bald wird in beiden Hälften eine fast gleichmäßige Molekülenmischung sein – und damit ein weniger geordneter Zustand im Vergleich zu vorher, als die Trennwand noch vorhanden war. Die Entropie, die Unordnung, hat sich erhöht. (Der Zweite Hauptsatz der Thermodynamik gilt nicht immer: Es gibt eine winzige Chance, eins zu Abermillionen, daß irgendwann einmal die Stickstoffmoleküle wieder in ihre Hälfte zurückgekehrt sind und die Sauerstoffmoleküle in die andere.)

Nehmen wir nun an, Sie werfen den Behälter mit den gemischten Kugeln oder irgend etwas anderes, das eine gewisse Entropie besitzt, in das nächste Schwarze Loch. Die gesamte Entropie außerhalb des Schwarzen Loches ist nun kleiner als zuvor. Ist es Ihnen also gelungen, den Zweiten Hauptsatz der Thermodynamik zu verletzen? Man könnte entgegnen, daß das gesamte Universum (innerhalb und außerhalb des Schwarzen Loches) keine Entropie verloren hat. Andererseits ist es eine Tatsache, daß alles, was in ein Schwarzes Loch fällt, für unser Universum absolut verloren ist. Oder vielleicht doch nicht?

Die Flucht aus einem Schwarzen Loch!

Ein Doktorand in Princeton, Jacob Bekenstein, stellte die Behauptung auf, daß man keine Entropie zerstört, wenn man etwas in ein Schwarzes Loch wirft. Denn das Schwarze Loch selbst besitzt ebenfalls Entropie, die man nur vergrößern kann. Nach Bekenstein verhält sich die Fläche des Ereignishorizontes nicht nur wie Entropie, sondern sie *ist* Entropie. Wenn man die Fläche des Ereignishorizontes mißt, ermittelt man damit auch die Entropie des Schwarzen Loches. Wenn etwas in das Schwarze Loch fällt, wie beispielsweise die Box mit den Molekülen, so vergrößert sie die Masse des Schwarzen Loches und dessen Ereignishorizont wird größer. Der Behälter trägt also zur Entropie des Schwarzen Loches bei.

Doch damit stehen wir schon wieder vor einem neuen Problem: Wenn etwas Entropie besitzt, besitzt es auch eine Temperatur, es ist nicht völlig kalt. Wenn etwas aber eine Temperatur hat, so strahlt es Energie aus. Und wenn etwas Energie ausstrahlt, so kann man nicht sagen, nichts käme von dort her. Doch genau das wurde ja von den Schwarzen Löchern angenommen.

Hawking glaubte, Bekenstein habe einen Fehler gemacht. Er war irritiert von Bekensteins seiner Meinung nach falscher Interpretation der Entdeckung, daß Ereignishorizonte niemals kleiner werden. 1972 verfaßte er zusammen mit zwei anderen Physikern, James Bardeen und Brandon Carter, einen Aufsatz, der folgende These enthielt: Obwohl es viele Ähnlichkeiten zwischen der Entropie und der Fläche des Ereignishorizontes gibt, könne ein Schwarzes Loch keine Entropie besitzen, da es nichts emittieren könne. Doch wie sich später herausstellte, war diese Annahme falsch.

1962, als sich Hawking für ein Spezialgebiet entscheiden mußte, wählte er Kosmologie, das Studium des sehr Großen, im Gegensatz zur Quantenmechanik, dem Studium des sehr Kleinen. Nun, 1973, beschloß er, seine Perspektive zu ändern und die Schwarzen Löcher aus der Sicht der Quantenmechanik zu betrachten. Es war der erste ernsthafte und erfolgreiche Versuch, die beiden großen Theorien des zwanzigsten Jahrhunderts, die Relativitätstheorie und die Quantenmechanik, zusammenzufügen. Und diese Vereinigung ist, wie im zweiten Kapitel bereits dargelegt, eine schwierige Hürde auf dem Weg zu einer vollständigen einheitlichen Theorie.

In jenem Jahr sprach Hawking in Moskau mit zwei sowjetischen Kollegen, Jakow Seldowitsch und Alexander Starobinski. Sie überzeugten ihn, daß rotierende Schwarze Löcher aufgrund der Unschärferelation Teilchen erzeugen und emittieren könnten. Doch die Methode, mit der sie die Emission berechneten, gefiel ihm nicht, und er machte sich auf die Suche nach einem besseren mathematischen Verfahren.

Hawking erwartete, das Ergebnis seiner Berechnungen würde die These der russischen Kollegen bestätigen, daß rotierende Schwarze Löcher eine bestimmte Strahlung aussenden. Was dann tatsächlich bei seinen Berechnungen herauskam, war bei weitem aufregender: Er stellte »zu meiner Überraschung und meinem Ärger fest, daß auch nichtrotierende Schwarze Löcher offensichtlich Teilchen in steter Menge hervorbringen und emittieren«.[2]

Zuerst glaubte er, er habe irgend etwas falsch gemacht, und opferte viele Stunden, um seinen Fehler zu finden. Währenddessen war er besonders darauf bedacht, daß Jacob Bekenstein nichts von seiner Entdeckung erführe und es möglicherweise als Argument zur Untermauerung seiner These über Ereignishorizonte und Entropie verwendete. Aber je länger Hawking überlegte, desto klarer wurde ihm, daß seine Berechnungen nicht weit von diesem Punkt entfernt waren. Entscheidend wurde schließlich Hawkings Entdeckung, daß das Spektrum der emittierten Teilchen genau dem eines heißen Körpers entspricht.

Bekenstein hatte also recht: Man kann die Entropie nicht verringern und mehr Ordnung in das Universum bringen, indem man mit Entropie behaftete Materie in ein Schwarzes Loch wirft wie Abfall in die Mülltonne. Wenn entropiebehaftete Materie in ein Schwarzes Loch fällt, so wird die Fläche des Ereignishorizontes und damit die Entropie des Schwarzen Loches größer. Die Entropie des gesamten Universums, sowohl außerhalb wie innerhalb des Schwarzen Loches, ist nicht geringer geworden.

Aber wie läßt sich erklären, daß Schwarze Löcher möglicherweise eine Temperatur besitzen und Teilchen emittieren, wenn nichts dem Ereignishorizont entweichen kann? Hawking fand die Antwort in der Quantenmechanik.

Wenn wir uns den Raum als absolut leer vorstellen, dann haben wir einiges noch nicht richtig verstanden. Im zweiten Kapitel haben Sie gelesen, daß es keine solche vollständige Leere gibt, jetzt wollen wir herausfinden, warum.

Die Unschärferelation besagt, daß wir niemals sowohl die Position als auch die Geschwindigkeit eines Teilchens gleichzeitig genau kennen können. Doch damit nicht genug: Wir können ebenfalls nie sowohl die Stärke eines Feldes (zum Beispiel eines Gravitationsfeldes oder eines elektromagnetischen Feldes) als auch das Ausmaß der zeitlichen Änderung dieses Feldes genau bestimmen. Je genauer wir die Stärke des Feldes kennen, desto ungenauer wissen wir über die Änderungsrate Bescheid und umgekehrt. Wieder geht es uns wie auf einer Wippe. Fazit: Wir können auch niemals feststellen, daß kein Feld vorhanden ist. Das Ergebnis, daß kein Feld existiert, würde einer genauen Messung sowohl der Feldstärke als auch der Änderungsrate entsprechen, denn beide wären dann Null. Doch eine exakte Messung beider Größen zur gleichen Zeit verbietet die Unschärferelation. Andererseits gibt es keinen leeren Raum, solange beide Werte nicht absolut Null sind: keine Null, kein leerer Raum.

Entgegen der gängigen Annahme von einem völlig leeren Raum, einem wirklichen Vakuum, besteht tatsächlich ein Minimum an Unbestimmtheit, eine kleine Unsicherheit darüber, welchen Wert die Feldstärke im »leeren« Raum hat. Vorstellen kann man sich dieses Herumschwanken der Feldstärke in einem winzigen Bereich über und unter Null folgendermaßen:

Teilchenpaare – Photonen- oder Gravitonenpaare – bilden sich ständig von neuem. Die beiden Teilchen entstehen zusammen und bewegen sich dann voneinander fort. Nach einer unvorstellbar kurzen Zeit finden sie sich erneut und vernichten einander wieder – ein kurzes, aber ereignisreiches Leben. Die Quantenmechanik besagt, daß sich solche Prozesse ständig überall im »leeren« Raum ereignen. Dabei mag es sich bei den Teilchenpaaren nicht um »wirkliche« Teilchen handeln, die man mit irgendeinem Detektor feststellen könnte, aber sie sind auch keine bloße Erfindung. Selbst wenn es nur »virtuelle« Teilchen sind, so wissen wir doch, daß es sie wirklich gibt, da wir ihre Wirkung auf andere Teilchen messen können.

Einige der Paare werden Materieteilchen, Fermionen, sein. In diesem Falle ist je eines aus einem Paar ein Antiteilchen. »Antimaterie«, bekannt aus Fantasy-Spielen und Science-fiction (sie treibt das Raumschiff Enterprise an), existiert also nicht nur in unserer Phantasie.

Sie haben vielleicht erfahren, daß die Gesamtmenge der Energie des Universums stets konstant ist. Es kann nicht plötzlich etwas aus dem Nichts entstehen. Wie können wir diese Regel auf die immer neu entstehenden Paare anwenden? Nun, sie entstehen, indem sie sich – ganz kurzfristig – Energie »borgen« und dann gleich wieder zurückgeben. Und da ein Teilchen des Paares positive Energie besitzt, das andere negative, gleichen sie sich aus. Der Gesamtenergie des Universums wird also auch in diesem Fall nichts hinzugefügt.

Stephen Hawking folgerte, daß auch im Ereignishorizont des Schwarzen Loches viele Teilchenpaare auftauchen können. Zur Veranschaulichung entwickelte er folgendes Bild: Ein Paar virtueller Teilchen entsteht. Bevor es sich wieder trifft, um einander zu vernichten, überschreitet das Teilchen mit der negativen Energie den Ereignishorizont in Richtung des Schwarzen Loches. Bedeutet dies, daß sein Partner mit der positiven Energie seinem unglücklichen Kameraden folgen muß, um ihn zu treffen? Nein, das Gravitationsfeld am Ereignishorizont ist stark genug, um mit virtuellen Teilchen eine verblüffende Sache zu machen: Es kann die »virtuellen« Teilchen in »reale« Teilchen verwandeln. Diese Transformation bedeutet eine bemerkenswerte Veränderung für das Paar. Die beiden Teilchen sind nicht länger gezwungen, sich zu finden und zu vernichten. Sie können viel länger leben, und zwar unabhängig voneinander. Das Teilchen mit der positiven Energie könnte ebenfalls in das Schwarze Loch fallen, doch das muß nicht passieren. Es ist jetzt ungebunden und hat die Chance zu entrinnen. Für einen entfernten Beobachter scheint es so, als käme es aus dem Schwarzen Loch heraus. Doch in Wirklichkeit kommt es von außerhalb. Währenddessen hat sein Partner negative Energie hinzugefügt (siehe Abb. 5.1).

Die Strahlung, die auf diese Weise von einem Schwarzen Loch emittiert wird, wird heute als Hawking-Strahlung bezeichnet. Mit der Entdeckung dieser Strahlung zeigte Stephen Hawking auch, daß seine erste berühmte Erkenntnis über Schwarze Löcher, der Zweite Hauptsatz der

Dynamik Schwarzer Löcher (die Fläche des Ereignishorizontes wird niemals kleiner), nicht immer gültig ist. Die Hawking-Strahlung impliziert, daß ein Schwarzes Loch kleiner werden und sogar verdampfen kann – eine wirklich radikale Theorie.

Wie macht die Hawking-Strahlung ein Schwarzes Loch kleiner? Wenn das Schwarze Loch virtuelle Teilchen in reale verwandelt, verliert es an Energie. Wie kann das geschehen, wenn nichts durch den Ereignishorizont entweichen kann? Wie kann da etwas verlorengehen? Die Antwort ist ziemlich raffiniert: Wenn Teilchen *negative* Energie in das Schwarze Loch transportieren, dann *verringern* sie damit die Energie im Schwarzen Loch. Negativ bedeutet »minus«, also weniger.

Auf diese Weise raubt also die Hawking-Strahlung dem Schwarzen Loch Energie. Wenn etwas weniger Energie hat, hat es automatisch weniger Masse. Erinnern Sie sich an Albert Einsteins Gleichung $E = mc^2$? Das E steht für Energie, m für Masse und c für die Lichtgeschwindigkeit. Wenn die Energie (auf einer Seite des Gleichheitszeichens) kleiner wird (wie bei dem Schwarzen Loch), so muß auf der anderen Seite des Gleichheitszeichens auch etwas kleiner werden. Die Lichtgeschwindigkeit c kann sich nicht ändern. Es muß also die Masse sein, die kleiner wird. Wenn wir sagen, dem Schwarzen Loch wird Energie gestohlen, behaupten wir daher auch, daß ihm Masse entwendet wird.

Behalten Sie das im Gedächtnis, und erinnern Sie sich, was Newton uns über die Gravitation lehrte: Jede Änderung der Masse eines Körpers ändert die Stärke der Anziehungskraft, die er auf einen anderen Körper ausübt. Wenn die Erde leichter würde (nicht kleiner diesmal, sondern leichter), so würde ihre Anziehungskraft, etwa auf den

In der Nähe des Ereignishorizontes des
Schwarzen Loches gibt es viele Teilchenpaare.

Zwei Teilchen bilden
ein Paar.

Gravitonenpaare

Photonenpaare

Es gibt auch Paare von Materieteilchen. Eines
ist ein Teilchen, das andere ein Antiteilchen.

Ein Teilchen des Paares hat positive
Energie, das andere negative Energie.

Normalerweise müssen sich die beiden Partner finden.
Anschließend vernichten sie einander.

ABER: Das Teilchen mit negativer Energie könnte in das Schwarze Loch
fallen und sich vom kurzlebigen »virtuellen« Teilchen in ein »reales«
Teilchen verwandeln. (Normalerweise könnte es nicht »real« werden,
wenn es negative Energie besitzt.) Dadurch ist auch das andere Teilchen
mit positiver Energie wieder frei, es kann in den Raum entweichen.

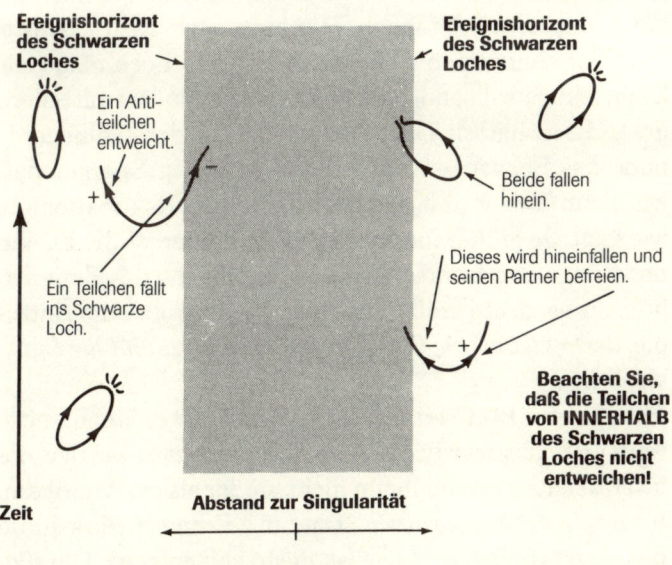

**Ereignishorizont
des Schwarzen
Loches**

Ein Anti-
teilchen
entweicht.

Ein Teilchen fällt
ins Schwarze
Loch.

**Ereignishorizont
des Schwarzen
Loches**

Beide fallen
hinein.

Dieses wird hineinfallen und
seinen Partner befreien.

**Beachten Sie,
daß die Teilchen
von INNERHALB
des Schwarzen
Loches nicht
entweichen!**

Zeit

Abstand zur Singularität

Abb. 5.1   Die Hawking-Strahlung

Mond, kleiner. Wenn das Schwarze Loch Masse verliert, so wird seine Anziehungskraft kleiner, auch am Ereignishorizont (dem Radius ohne Wiederkehr). Die Fluchtgeschwindigkeit an diesem Radius wird kleiner als die Lichtgeschwindigkeit. Der Radius wiederum, bei welchem die Fluchtgeschwindigkeit gleich der Lichtgeschwindigkeit ist, ist etwas kleiner. Ein neuer engerer Ereignishorizont hat sich gebildet. Der Ereignishorizont ist geschrumpft. Das ist der einzige uns bekannte Weg, wie ein Schwarzes Loch kleiner werden kann.

Wenn wir die Hawking-Strahlung eines großen Schwarzen Loches messen würden, das durch Kollaps eines Sterns entstand, wären wir enttäuscht. Ein Schwarzes Loch dieser Größe hat eine Oberflächentemperatur von weniger als einem millionstel Grad über dem absoluten Nullpunkt. Je größer das Schwarze Loch, desto kleiner ist die Temperatur. Stephen Hawking sagt dazu: »Unser zehn Sonnenmassen schweres Schwarzes Loch mag vielleicht einige tausend Photonen pro Sekunde emittieren, doch diese hätten eine Wellenlänge in der Größenordnung des Schwarzen Loches und so wenig Energie, daß wir nicht fähig wären, sie zu entdecken.«[3] Es funktioniert wie folgt: Je größer die Masse, desto größer ist die Fläche des Ereignishorizontes, je größer die Fläche des Ereignishorizontes, desto größer die Entropie, je größer die Entropie, *desto kleiner die Oberflächentemperatur und die Emissionsrate.*

Aber bereits 1971 vermutete Hawking, daß es einen weiteren Typ Schwarzer Löcher geben könnte: ganz winzige, die interessantesten von ihnen nicht größer als ein Atomkern, die regelrecht knistern vor Strahlung. Erinnern Sie sich: Je kleiner das Schwarze Loch ist, desto heißer ist die Oberflächentemperatur. Bezüglich dieser kleinen Schwarzen Löcher erklärte Hawking: »Solche Löcher wären kaum als *schwarz* zu bezeichnen – sie wären *weißglühend.*«[4]

Frühe Schwarze Löcher, wie Hawking sie nannte, entstehen nicht durch den Kollaps eines Sterns. Sie sind Relikte des sehr frühen Universums. Wir könnten sie selbst herstellen, wenn wir fähig wären, Materie hinreichend stark zusammenzupressen. Im sehr frühen Universum gab es Drücke, die dazu in der Lage waren. Manchmal wurde auch nur eine ganz kleine Menge von Materie zusammengepreßt. In jedem Fall ist ein frühes Schwarzes Loch heute viel kleiner als kurz nach seiner Entstehung. Schließlich ist es seit langer Zeit dabei, Masse zu verlieren.

Die Hawking-Strahlung hat drastische Konsequenzen für ein frühes Schwarzes Loch. Wenn seine Masse gering und das Schwarze Loch klein wird, steigt seine Temperatur und damit die Teilchenemissionsrate am Ereignishorizont an. Das Loch verliert seine Masse schneller und schneller. Je kleiner die Masse, desto höher die Temperatur – ein teuflischer Kreis!

Niemand ist sich sicher, wie das Ende aussieht. Hawking vermutet, daß die kleinen Schwarzen Löcher mit einem gewaltigen letzten Ausstoß von Teilchen, vergleichbar mit der Explosion von Millionen von Wasserstoffbomben, vergehen. Kann auch ein großes Schwarzes Loch explodieren? Nein, das Universum wird zu Ende sein, bevor ein großes Schwarzes Loch diesen Zustand erreicht.

Die Idee, daß Schwarze Löcher kleiner werden und letztendlich explodieren könnten, stand so im Widerspruch zu allem, was man 1973 über Schwarze Löcher dachte, daß Hawking an seiner eigenen Entdeckung ernsthaft zweifelte. Wochenlang hielt er sie unter Verschluß und dachte immer wieder von neuem darüber nach. Wenn er es selbst schon kaum glauben konnte, wie würde dann erst die restliche wissenschaftliche Welt reagieren? Kein Wissenschaftler macht sich gerne lächerlich. Andererseits wußte Hawking: Wenn er recht hatte, würde seine Idee die Astrophysik revolutionieren.

So testete Hawking seine Idee erst einmal an seinen engsten Vertrauten. Die Reaktionen waren gemischt. Ein Physiker aus Cambridge begrüßte daraufhin Hawkings alten Betreuer, Denis Sciama, mit den Worten: »Hast du gehört? Stephen hat alles umgekrempelt!«[5] Sciama schloß sich Hawkings Theorie an und ermutigte ihn, sie rasch zu veröffentlichen.

Anfang 1974 willigte Hawking ein, seine brisante Entdeckung in einem Vortrag am Rutherford-Appleton Laboratory südlich von Oxford darzulegen. Selbst auf dem Weg dorthin plagten ihn noch immer Zweifel. Er verringerte das Risiko, indem er ein Fragezeichen hinter den Titel seines Vortrages setzte, der somit lautete: »Explodieren Schwarze Löcher?«

Die kurze, durch einige an die Wand geworfene Gleichungen unterstützte Darstellung stieß auf peinlich berührtes Schweigen und einige wenige Fragen. Hawkings Argumentation ging über die Köpfe vieler Zuhörer, die Experten auf anderen Gebieten waren, hinweg. Aber es war doch allen ziemlich klar, daß das, was er da vortrug, im völligen Gegensatz zur anerkannten Theorie stand. Die anwesenden Wissenschaftler, die das begriffen, waren schockiert und zu unvorbereitet, um mit ihm zu diskutieren. Als das Licht im Saal wieder anging, stand der Moderator, ein angesehener Professor der Londoner Universität, auf und meinte: »Tut mir leid, Stephen, aber das ist völliger Quatsch.«[6]

Hawking publizierte den »Quatsch« im darauffolgenden Monat in dem angesehenen britischen Wissenschaftsmagazin *Nature*, und wenige Tage später diskutierten Physiker auf der ganzen Welt darüber. Einige nannten es die bedeutendste wissenschaftliche Entdeckung in der theoretischen Physik seit Jahren. Sciama meinte sogar, die Arbeit sei »eine der schönsten Abhandlungen in der Geschichte der Physik«.[7] Allmählich sah die ganze Sache besser aus. Hawking hatte die Aktivität virtueller Teilchen genutzt, um ein Phänomen zu erklären, das aus dem Bereich der Allgemeinen Relativitätstheorie stammt: Schwarze Löcher. Er hatte einen großen Schritt vorwärts in Richtung einer Verbindung von Relativitätstheorie und Quantenphysik gemacht.

1970–1974

Vier Jahre nachdem die Hawkings ihr Haus in der Little Saint Mary's Lane gekauft und hergerichtet hatten, wurden Treppen für Stephen Hawking zum unüberwindlichen Hindernis. Es war ein Glück, daß er sich auf dem besten Weg zu einem wirklich bedeutenden Physiker befand, denn so war das College diesmal etwas hilfreicher bei der Wohnungssuche. Man bot Hawking eine geräumige Wohnung im Erdgeschoß eines collegeeigenen Backsteinbaus in der West Road an, nicht weit entfernt vom rückwärtigen Tor des King's College. Die Wohnung hatte hohe Wände und große Fenster, und es bedurfte nur geringer Veränderungen, dann war sie auch für einen Rollstuhlfahrer geeignet. Bis auf den Kiesparkplatz vor dem Haus war es von Grün umgeben, das von den Gärtnern des College gepflegt wurde. Es war das ideale Zuhause für Hawkings Kinder.
Die Fahrt zum DAMTP ging etwa zehn Minuten auf einem breiten Fußweg vorbei an Wiesen, Rasenflächen und Gärten den Fluß Cam entlang und dann über den Fluß und

durch das historische Zentrum von Cambridge. In den frühen siebziger Jahren legte Stephen Hawking seine Fahrt mit einem Rollstuhl zurück. Er hatte die Schlacht um die Fähigkeit, auf seinen eigenen Füßen zu stehen, verloren. Seine Freunde waren natürlich traurig deswegen, aber Hawkings Humor und Energie ließen ihn nicht im Stich.

Stephen und Jane Hawking schafften es, seine Krankheit wieder in den Hintergrund zu drängen und zu verhindern, daß sie die zentrale Rolle in seinem oder ihrer beider Leben spielte. Sie machten es sich zur Gewohnheit, nicht an die Zukunft zu denken. Soweit Außenstehende das beurteilen können, waren sie damit so erfolgreich, daß man fast überrascht war, als Jane Hawking in einem Interview erzählte, wie furchtbar schwer mitunter alles sei. Über all die Ehrungen, mit denen ihr Mann überschüttet wurde, meinte sie: »Ich würde nicht sagen, daß [dieser überwältigende Erfolg] all das Negative aufwiegt. Ich glaube nicht, daß ich in meinem Kopf jemals diese beiden Dinge auf eine Reihe bringen kann: dieses Auf und Ab, das wir erfahren haben zwischen der Tiefe der Schwarzen Löcher und in den Höhen all dieser glitzernden Ehrungen.«[8] Nach allem zu urteilen, was Stephen Hawking selbst geschrieben hat, hat er die Tiefpunkte kaum bemerkt. Es kann aber auch sein, daß selbst ein beiläufiges Reden darüber – das Höchste, was er sich selbst zugesteht – für ihn schon eine Form des Aufgebens, der Niederlage wäre und deshalb seine absolute Nichtbeachtung der eigenen Probleme unterminieren würde.

Jane Hawking arbeitete schwer, um ihrer wachsenden Familie und ihrem an den Rollstuhl gebundenen Ehemann gerecht zu werden. Sie verwendete all ihre Zeit und Energie darauf, ihn zu ermutigen, trotz seines sich verschlechternden Zustandes normal weiterzuleben und zu arbeiten. Gleichzeitig achtete sie darauf, daß Robert und Lucy eine ganz normale Kindheit hatten. Bis 1974 schaffte sie es allein, ihren Mann zu betreuen, für die Kinder zu sorgen und den Haushalt zu führen.

In den späten achtziger Jahren meinte Jane Hawking einmal, daß sie ihre Fähigkeit, viele Jahre mit so einer Situation fertig zu werden, ihrem Vertrauen zu Gott verdanke. Ohne dieses Vertrauen, sagte sie, »wäre ich nicht fähig gewesen, mit dieser Situation zu leben. Das heißt, ich wäre gar nicht fähig gewesen, Stephen zu heiraten, denn ich hätte nie den nötigen Optimismus gehabt, um mich der Situation zu stellen, und ich wäre nicht fähig gewesen durchzuhalten.«[9]

Dieses Vertrauen, das ihr eine so große Hilfe war, konnte sie nicht mit ihrem Mann teilen. Falls Stephen Hawking aus der Konfrontation mit seiner Behinderung und der Bedrohung eines frühen Todes je religiöse oder philosophische Konsequenzen zog, so hat er niemals öffentlich darüber gesprochen. Wenn man sein Buch »Eine kurze Geschichte der Zeit« liest, hat man aber den Eindruck, daß Gott Hawkings Gedanken niemals fern ist. In einem Interview sagte er einmal: »Es ist schwierig, über den Beginn des Universums zu sprechen, ohne auf den Gottesbegriff einzugehen. Meine Arbeit über den Ursprung des Universums berührt den Grenzbereich zwischen Wissenschaft und Religion, aber ich versuche, auf der Seite der Wissenschaft zu bleiben. Es ist möglich, daß Gott in einer Weise handelt, die sich den wissenschaftlichen Gesetzen völlig entzieht. Aber in dem Fall sollte man nach seinem persönlichen Glauben gehen.«[10] Auf die Frage, ob seiner Ansicht nach Wissenschaft und Religion im Wettbewerb miteinander stünden, antwortete er: »Wenn das so wäre, hätte

Newton [der ein sehr religiöser Mann war] niemals das Gravitationsgesetz entdeckt.«[11]

Hawking ist kein Atheist, aber er zieht es vor, »den Begriff Gott als ein Sinnbild für die physikalischen Gesetze zu verwenden. Wir sind so unbedeutende Kreaturen auf einem kleinen Planeten eines sehr gewöhnlichen Sterns im Randbereich einer von hunderttausend Millionen Galaxien. Es ist schwer, an einen Gott zu glauben, der uns behütet oder auch nur unsere Existenz zur Kenntnis nimmt.«[12] Einstein teilte Hawkings Ansicht. Andere würden Jane Hawking zustimmen, diese Auffassung von Gott ziemlich eng finden und betonen, es sei genauso schwer zu glauben, daß alle jene intelligenten und begabten Menschen (darunter viele Wissenschaftler), die glauben, sie haben Gott persönlich erfahren, irgendwie irregeführt sind. Sie würden in Anlehnung an einen berühmten Ausspruch von Hawking sagen: »Wenn es ihn (Gott) nicht gibt, wäre das wirklich sehr exotisch!«[13] Und wie sollten wir *unsere eigene Existenz* erklären? Wie auch immer die Antwort sein möge, der Unterschied in den Auffassungen könnte kaum größer sein als bei Stephen und Jane Hawking.

»Ich war sehr verletzt, als Stephen sagte, daß er nicht an einen persönlichen Gott glaube«,[14] erinnert sich Jane Hawking. 1988 sagte sie in einem Interview: »Er ist in einen Bereich eingedrungen, der den Menschen wirklich etwas bedeutet, und zwar in einer Art, die sich zerstörerisch auswirken kann. (. . .) Es gibt einen Aspekt in seinen Gedanken, den ich in wachsendem Maße störend finde und mit dem ich nur schwer leben kann. Es ist das Gefühl: Alles ist auf eine mathematische Formel reduziert, und das muß die Wahrheit sein.«[15] Es schien ihr, daß es in der Gedankenwelt ihres Mannes keinen Raum für die Möglichkeit gab, daß die in seinen Formeln enthaltene Wahrheit nicht die ganze Wahrheit sein könnte. Ein Jahr später äußerte sie sich etwas optimistischer: »Wenn man älter wird, fällt es einem leichter, die Dinge nicht so eng zu sehen. Ich glaube, seine ganze Sichtweise ist aufgrund seiner Verfassung und seiner Situation ... ein fast völlig gelähmtes Genie zu sein ... so verschieden von der Sichtweise anderer Menschen, daß niemand verstehen kann, was Gott für ihn ist oder was für ein Verhältnis er zu ihm hat.«[16]

6

»War alles nur ein glücklicher Zufall?«

Ende der sechziger Jahre mag man es als Großmütigkeit aufgefaßt haben, daß die Universität in Cambridge einen jungen Physiker einstellte, der nicht lange zu leben hatte und möglicherweise nur wenig für seine Fakultät in Form von Vorlesungen und Seminaren würde leisten können. Aber Mitte der siebziger Jahre begannen Hawkings Universität und seine Fakultät zu erkennen, daß sie sich selbst etwas sehr Gutes damit getan hatten. Hawking wurde zu einem beachtlichen Aktivposten.

In Cambridge sind außergewöhnliche Köpfe und Persönlichkeiten nichts Aufsehenerregendes, sie tauchen hier immer wieder mal auf. Diese Universität ist einfach eine ideale Umgebung für ein Genie. Es spielt keine Rolle, ob jemand in der übrigen Welt mit Ehre überhäuft wird, innerhalb der Universität betrachtet man ihn nicht in erster Linie als Genie, sondern als Wissenschaftler. Das DAMTP hat Hawking von Anfang an von großen Lehraufgaben entbunden und ihm erlaubt, sich auf seine Forschung und einige wenige Seminare und Studenten zu konzentrieren. Aber noch Ende der siebziger Jahre, als er bereits eine Legende geworden war, teilte er sein Arbeitszimmer mit einem anderen Wissenschaftler. Dabei war der Raum allein mit seiner speziellen Ausrüstung ziemlich voll! Er besaß Geräte, die Bücher und Zeitschriften für ihn umblätterten, ebenso wie Computer mit besonderen Eingabevorrichtungen, die er ähnlich wie eine Schreibtafel benutzte.

Das Wissen darüber, welche Bedürfnisse behinderte Menschen haben, und die Erkenntnis, daß auch sie durchaus ein normales Leben, ja sogar ein außergewöhnlich erfolgreiches und aktives Leben führen können, war in den siebziger Jahren noch längst nicht so verbreitet wie heute. Erst nach einem langen bürokratischen Hin und Her, bei dem es darum ging, wer finanziell für die Angelegenheit zuständig war, bekam das DAMTP-Gebäude eine Rampe, die Hawking mit seinem Rollstuhl benutzen konnte. Hawking aber gab nicht auf und setzte durch, daß weitere Orte in Cambridge für Rollstuhlfahrer zugänglich gemacht wurden. Wo das noch nicht der Fall war, wurde jeder, der gerade vorbeikam, engagiert, um Hawking und seinen Stuhl die Treppen hinauf- oder hinunterzutragen.

Bis 1974 konnte Hawking noch selbst essen, allein zu Bett gehen und aufstehen. Aber als diese Dinge zunehmend schwieriger wurden, mußten die Hawkings sich schließlich eingestehen, daß es so nicht mehr weiterging. Von da an boten sie stets einem seiner Doktoranden an, bei ihnen im Haus zu wohnen. Als Gegenleistung für freie Unterkunft und eine besondere Betreuung durch Hawking half ihm der jeweilige Assistent beim Zubettgehen und beim Aufstehen.

Laut Jane Hawking war es sehr belastend für ihren Mann, daß er nie mit seinen Kindern etwas unternehmen oder richtig mit ihnen spielen konnte. So brachte sie selbst ihnen Kricket bei. Sie neckte ihren Mann damit, daß sie - anders als andere Frauen - niemals enttäuscht sein müßte, wenn sich ihr Ehemann weder im Haus noch bei der Kinderbetreuung nützlich machte.

Hawkings Nutzlosigkeit in praktischen Dingen wurde zu einem der positiven Nebeneffekte seiner Krankheit. Er brauchte viel Zeit, um aufzustehen oder zu Bett zu gehen, aber er mußte nicht einkaufen und nichts reparieren, keinen Rasen mähen, keine Reisen planen, keine Taschen packen. Niemand erwartete von ihm, daß er Vorlesungspläne entwarf oder zeitraubende akademische Aufgaben im DAMTP oder am Caius übernahm. Solche Sachen wurden Hawkings Kollegen und Assistenten oder seiner Frau überlassen. So hatte er stets viel Zeit, um über physikalische Probleme nachzudenken, ein Luxus, um den ihn viele seiner Kollegen beneideten.

Der überwiegende Teil dieser täglichen Verpflichtungen blieb an Jane Hawking hängen. Sie hatte das vorausgesehen und war bereits vor ihrer Hochzeit 1960 zu dem Schluß gekommen, daß in ihrer Ehe nur einer Karriere machen würde, und zwar ihr Mann. Vielleicht teilweise durch die sich wandelnde Rolle der Frau in der Gesellschaft bedingt, fiel es ihr in den siebziger Jahren immer schwerer, dieses Opfer zu bringen. Sie hatte geglaubt, ihrem kranken Mann die Ermutigung und Unterstützung zu geben, die er so nötig brauchte, würde ihrem Leben Sinn und Zweck geben. Doch was ihr nach wie vor fehlte, war eine eigene Identität, und daran änderte auch die Geburt ihrer Kinder nicht viel. Sie selbst meinte dazu: Obwohl sie ihre Kinder sehr liebe und »sie nie jemandem anders überlassen würde, ist es ganz schön schwierig, in Cambridge zu leben, wenn man immer nur die Mutter kleiner Kinder ist«.[1]

Um nicht unfair zu sein: Wann immer man heute den Namen Hawking in Cambridge erwähnt, bekommt man zu hören, daß Jane Hawking noch bemerkenswerter sei als

Stephen. Doch in den siebziger Jahren hatte Jane Hawking nicht das Gefühl, daß man sie achtete. Sie fühlte sich in Cambridge »doch sehr unter dem Druck, eine akademische Karriere zu machen«.[2] So schrieb sie sich an einer der dortigen Fakultäten ein, um in mittelalterlichen Sprachen zu promovieren. Als sie den Abschluß in der Tasche hatte, wurde sie High-School-Lehrerin. »Ich kann dadurch einen Teil meiner Persönlichkeit ausleben«, meinte sie, »der lange Zeit völlig unterdrückt war. Und das Erstaunliche ist, daß sich das ausgezeichnet mit meinem Familienleben vereinbaren läßt.«[3]

Robert, Lucy und schließlich Timmy, der 1979 geboren wurde, gehörten stets zu den Lieblingsschülern ihrer Lehrer. Das erste, was ich jemals von den Hawkings hörte, war Mitte der achtziger Jahre die Bemerkung der Schulleiterin meiner Tochter, daß diese sie an Lucy Hawking erinnere. Und ich interpretierte das als Kompliment. Als ich Lucy schließlich kennenlernte – die damals Fünfzehnjährige paßte gerade auf kleine Kinder am Spielplatz auf –, wußte ich, daß ich mich nicht geirrt hatte. Lucy war ein strahlendes, hübsches Mädchen mit blonden Haaren von großer Intelligenz und persönlicher Ausstrahlung, dazu von einer Rücksichtnahme und Disziplin, womit sie ihrem Alter weit voraus schien. Sie selbst glaubt, sie sei ganz anders als ihr Vater. »Ich war nie gut in naturwissenschaftlichen Fächern. In Mathematik habe ich's sogar hingekriegt, als hoffnungsloser Fall zu gelten, was etwas enttäuschend war.«[4] Aber in Wirklichkeit ist sie eine gute Schülerin und eine ausgezeichnete Cellistin. Es ist sehr unwahrscheinlich, daß irgend jemand eine Tüte Bonbons darauf setzt, daß sie oder einer ihrer Brüder es im Leben zu nichts bringen wird.

Jane Hawking hatte in den siebziger Jahren also guten

112

Grund, stolz zu sein. Robert und Lucy entwickelten sich gut, ihr Mann startete eine kometenhafte Karriere. Sein Ruf als bemerkenswert zäher und humorvoller Mensch auch in schwierigen Lebenslagen war bereits legendär, und sie hatte bewiesen, daß auch sie auf wissenschaftlichem Gebiet Beachtliches leisten konnte. Doch andererseits hatte sie zunehmend das Gefühl, daß kaum jemand überhaupt zur Kenntnis nahm, welch großen Anteil sie am Erfolg ihres Mannes hatte und welche Opfer sie dafür brachte. Sie hatte mit einem Problem zu kämpfen, das nicht gerade selten ist bei Menschen, die das Talent besitzen, aus allem das Beste zu machen: Andere beginnen anzunehmen, die Dinge wären wirklich so leicht für sie, und verkennen die Opfer und Entbehrungen, die dahinterstecken. Jane Hawking und ihr Mann wissen sehr wohl, daß er einen Großteil seines Erfolges – vielleicht sogar sein Überleben – ihr zu verdanken hat. Doch von seinem Triumph bekam sie nur wenig ab, und sie konnte weder seinen mathematischen Theorien folgen noch an seiner Freude daran teilhaben. Andererseits geben Berichte in den Medien, die sie einseitig als eine Frau darstellen, die nicht genügend Beachtung findet, die Wirklichkeit nur verzerrt wieder. »Die Freude und Aufregung, die Stephens Erfolg in unser Leben brachte, waren enorm«[5], sagte sie. Sie erinnere sich gern an jene glücklichen Jahre zurück und bereue ihre Entscheidung, ihn zu heiraten, nicht. Dennoch, die schönen Dinge »erleichterten nicht die zermürbenden Schwierigkeiten, Tag für Tag mit der Nervenerkrankung fertig zu werden«.[6]

Trotz allem teilten die Hawkings auch viel Schönes miteinander. So hatten sie beide eine Vorliebe für klassische Musik und gingen gern ins Konzert und ins Theater. Jedes Jahr an Weihnachten besuchten sie mit den Kindern ein

Pantomimestück. Auch luden sie gern Leute zu sich ein. Don Page, ein Doktorand, der drei Jahre bei den Hawkings lebte, erinnert sich, Jane Hawking sei »sehr offen auf andere zugegangen« und das habe ihrem Mann beruflich einiges genutzt.[7] Offensichtlich waren Partys mit sechzig Leuten damals im Haus der Hawkings keine Seltenheit. Kein Wunder, daß sie bald stadtbekannt waren für ihre Gastfreundschaft.

Bis Anfang der siebziger Jahre war es noch möglich, mit Hawking ein normales Gespräch zu führen. Ende der siebziger, Anfang der achtziger Jahre jedoch wurde seine Sprache so undeutlich, daß nur noch seine Familie und seine engsten Freunde ihn verstehen konnten. Die Aufgabe des »Übersetzers« fiel dem jeweiligen Doktoranden zu, der gerade bei den Hawkings wohnte. In einem Interview für die *New York Times* beschreibt Michael Harwood diesen Prozeß so: »Don Page, der neben ihm sitzt, lehnt sich weit vor, um die undeutlichen Worte zu verstehen, artikuliert jeden Ausdruck noch einmal, um sicherzugehen, daß er ihn richtig verstanden hat. Immer wieder unterbricht er sich selbst und bittet um eine Wiederholung des Gesagten, immer wieder vergewissert er sich bei Hawking, ob er auch richtig verstanden hat, und korrigiert sich selbst.«[8] Ein anderer Journalist erinnert sich, daß er oft dachte, Hawking hätte einen Satz beendet, und dann bei der Übersetzung feststellte, daß es nur ein einziges Wort gewesen war. Seine wissenschaftlichen Arbeiten schrieb Hawking, indem er sie auf diese mühselige Art seiner Sekretärin diktierte. Aber er lernte, seine Ideen in nur so wenige Worte wie unbedingt nötig zu fassen und in seinen wissenschaftlichen Arbeiten und Diskussionen rasch auf den Punkt zu kommen. Das, was er mit jenen wenigen Worten ausdrückte, fand weltweite Beachtung.

Die Flut von Ehrungen und Anerkennungen, die bis heute nicht versiegt ist, begann, bald nachdem Hawking seine Entdeckung der explodierenden Schwarzen Löcher veröffentlicht hatte. Im Jahr 1974 wurde er in die Royal Society aufgenommen, eine der angesehensten wissenschaftlichen Akademien der Welt. Mit damals zweiunddreißig Jahren wurde ihm diese Ehre sehr früh zuteil. Bei der feierlichen Aufnahmezeremonie, die bis in das siebzehnte Jahrhundert zurückreicht, gehen die neuen Mitglieder zum Podium, um ihren Namen in jenes Buch einzutragen, dessen allererste Seiten Unterschriften wie die von Isaac Newton tragen. Bei Hawkings Aufnahme erlebten die Anwesenden mit, wie der Präsident der Gesellschaft, Sir Alan Hodgkin, Nobelpreisträger für Biologie, diese Tradition brach und das Buch vom Podium herunter zu Hawking in die erste Reihe brachte. Hawking konnte damals noch seinen Namen schreiben, aber es bereitete ihm große Mühe, und er benötigte viel Zeit. Die versammelten Honoratioren der Wissenschaft warteten voller Respekt. Als Hawking fertig war und mit einem breiten Lächeln aufsah, brach ein begeisterter Beifallssturm los.

Auch auf internationaler Ebene wuchs sein Ansehen. Man lud ihn ein, für ein Jahr als Sherman Fairchild Distinguished Scholar am California Institute of Technology zu verbringen. Jane Hawking kümmerte sich um die Flüge, packte und sorgte dafür, daß das Gepäck, die zwei Kinder, ihr Mann und auch seine Spezialgeräte wohlbehalten nach Südkalifornien und wieder zurück gelangten. Das alles bewältigte sie mit jener Mischung aus Elan und Organisationstalent, die ihre Freunde so bewundern.

Weitere Ehrungen folgten: sechs bedeutende internationale Preise und sechs Ehrendoktortitel Ende der siebziger und Anfang der achtziger Jahre einschließlich des begehrten Albert-Einstein-Preises in Amerika und eines Ehrentitels seiner Alma mater, Oxford. Königin Elisabeth ernannte ihn zum »Commander of the British Empire«, demzufolge es ihm erlaubt ist, die ehrenvollen Buchstaben »CBE« hinter seinen Namen zu setzen.

Als 1979 die Universität Cambridge ihm den angesehenen Titel des Lucasischen Professors für Mathematik verlieh, bekam er auch ein eigenes Arbeitszimmer.

Der erhabene Augenblick der Schöpfung

In den siebziger Jahren galt Hawkings Hauptinteresse den Schwarzen Löchern. Im Jahre 1981 wandte er seine Aufmerksamkeit erneut der Frage zu, wie das Universum begann und wie es einmal enden wird. Während einer Konferenz im Vatikan in jenem Jahr mahnte der Papst Hawking und andere Wissenschaftler, Menschen sollten nicht nach dem Augenblick der Schöpfung fragen: Diese sei das Werk Gottes. Auf der gleichen Konferenz stellte Hawking die Möglichkeit zur Diskussion, daß das Universum keinen »Anfang« und keine »Grenzen« habe. Stellte er damit auch die Behauptung in den Raum, daß es keinen »Schöpfer« gibt? Oder stand Hawkings Idee möglicherweise im Einklang mit der jüdisch-christlichen Vorstellung eines Gottes, der außerhalb der Zeit existiert – jenes »Ich bin« des Alten Testaments, das weder Anfang noch Ende noch sonst irgend etwas unserer chronologischen Zeit Ähnliches besitzt, für das alles gleichzeitig existiert? Hawkings »Vorschlag der Grenzenlosigkeit« implizierte offenbar einen vollkommen neuen Zeitbegriff.

Die Theorien, die Hawking Ende der sechziger Jahre in seiner Dissertation und danach aufstellte, schienen zu beweisen, daß das Universum mit einer Singularität begonnen hat, einem Punkt unendlicher Dichte und unendlicher Krümmung der Raumzeit. Bei dieser Singularität brechen alle unsere physikalischen Gesetze zusammen, und ungeachtet dessen, ob es der Papst billigt oder nicht, wäre es sinnlos, den Augenblick der Schöpfung zu untersuchen. Aus einer Singularität könnte ein Universum von jeglicher Beschaffenheit entstehen. Es gäbe keine Möglichkeit, ein Universum vorauszusagen, das dem unsrigen ähnelt. Tatsächlich meinte Hawking in den frühen achtziger Jahren zu John Boslough: »Es steht eine enorme Wahrscheinlichkeit dagegen, daß sich ein Universum wie das unsere aus irgendeinem Urknall entwickelt. Nach meiner Überzeugung stößt man stets auf religiöse Fragen, wenn man anfängt, den Ursprung des Universums zu erörtern.«[9]

Das »anthropische Prinzip«

Die meisten Menschen wissen, daß die Sonne, die Planeten und alles andere nicht die Erde umkreisen. Die Wissenschaft sagt uns aber auch, daß das Universum wahrscheinlich von jedem beliebigen Punkt aus gleich aussieht. Die Erde und wir, ihre Passagiere, sind nicht das Zentrum des Ganzen.

Je mehr wir in die Erkenntnis beider Niveaus, des mikroskopischen und des kosmischen, eindringen, desto unabweisbarer drängt sich uns der Eindruck auf, daß ein sorgfältig ausgearbeiteter Plan, eine ungeheure Feinabstimmung, stattgefunden haben muß, um das Universum zu einem Ort zu machen, an dem wir existieren können. Zu Beginn der achtziger Jahre sagte Hawking: »Bedenkt

man, welche Konstanten und Gesetze sich hätten heraus-
bilden können, so spricht eine ungeheure Wahrscheinlichkeit gegen ein Universum, welches wie das unsere Leben
hervorbringen kann.«[10]

Es gibt viele Beispiele dieser mysteriösen Feinabstimmung: Hawking stellte fest, wenn die elektrische Ladung
eines Elektrons nur geringfügig anders wäre, so würden
weder Sterne brennen, um uns Licht zu spenden, noch
würden sie in Supernovä explodieren, um den Grundstoff
zu liefern für neue Sterne wie unsere Sonne oder für Planeten wie unsere Erde. Wenn die Gravitation nur wenig
schwächer wäre, so wäre die Materie nicht zu Sternen oder
Galaxien erstarrt. Weder Galaxien noch Sonnensysteme
hätten sich bilden können, wäre die Gravitation nicht
gleichzeitig die schwächste der vier Kräfte. Keine unserer
gegenwärtigen Theorien kann die Stärke der Gravitation
oder die elektrische Ladung des Elektrons vorhersagen.
Sie sind freie Elemente, bestimmbar nur durch Beobachtung, aber sie scheinen genauestens aufeinander abgestimmt, um Leben zu ermöglichen, wie wir es kennen.

Sollten wir deshalb den Schluß ziehen, daß jemand oder
etwas uns im Kopf hatte, als all das entstand? Ist das
Universum, wie es der Astronom Fred Hoyle ausdrückte,
»ein abgekartetes Spiel«, eine große Verschwörung, um
intelligentes Leben zu ermöglichen? Oder brauchen wir
eine andere Erklärung?

»Wir sehen das Universum so, wie es ist, weil wir existieren.« – »Die Dinge sind so, wie sie sind, weil wir existieren.« – »Falls es anders wäre, wären wir nicht hier, um es zu
beobachten.« All das sind Möglichkeiten, etwas auszudrücken, was man als anthropisches Prinzip bezeichnet.
Hawking erklärt das anthropische Prinzip wie folgt: Stellen Sie sich eine Menge verschiedener, voneinander ge-

trennter Universen vor oder verschiedene Gebiete des gleichen Universums. Die Bedingungen in den meisten dieser Universen und Gebiete werden es nicht erlauben, daß sich intelligentes Leben entwickelt. Aber in einigen wenigen von ihnen werden die Bedingungen so sein, daß sich Sterne, Galaxien und Sonnensysteme formen und intelligente Wesen entwickeln, die das Universum erforschen und die Frage stellen: Warum ist das Universum so, wie wir es beobachten? Entsprechend dem anthropischen Prinzip wäre die einzige Antwort auf diese Frage: Wenn es anders wäre, könnte es niemanden geben, der diese Frage stellt.

Erklärt das anthropische Prinzip wirklich etwas? Einige Wissenschaftler verneinen diese Frage und meinen, es zeige zweifellos, daß das, was scheinbar so fein aufeinander abgestimmt scheint, in Wirklichkeit absoluter Zufall und einfach Glück war. Es ist wie bei der alten Geschichte über die hinreichend vielen Affen, denen man Schreibmaschinen gibt, so daß einer von ihnen nach den Gesetzen der Wahrscheinlichkeit die erste Zeile der Gettysburger Erklärung schreibt. Selbst wenn unsere Art eines Universums sehr unwahrscheinlich ist, bei hinreichend vielen Universen könnte sehr wohl eines so wie das unsere aussehen.

Schließt das anthropische Prinzip Gott aus? Nein, doch es zeigt, daß dieses für uns maßgeschneiderte Universum auch ohne Gott entstehen konnte.

John Wheeler schlägt vor, noch einen Schritt weiter zu gehen. Möglicherweise, so sein Gedanke, existieren physikalische Gesetze überhaupt nicht, wenn es keine Beobachter gibt, die sie herausfinden. In diesem Fall würde es all die anderen als möglich angenommenen Universen gar nicht geben, denn ein Universum, das nicht beobachtet werden kann, wäre einfach nicht existent.

Falls dem so ist, was wäre dann, wenn wir aussterben? Würde mit uns auch das Universum sterben? Würden die Bühnenarbeiter kommen und alles auseinandernehmen, wenn der letzte Zuschauer das Theater verlassen hat? Und wenn niemand mehr da ist, der sich daran erinnert, daß das Universum existiert hat, wird es dann überhaupt jemals existiert haben? Hat ihm der kurze Moment, in dem wir seine Existenz beobachtet haben, genug Kraft gegeben, weiter zu existieren, wenn wir bereits vergangen sind?

Einige Physiker tendieren zur Verbindung eines beobachterabhängigen Universums und gewisser Ideen des östlichen Mystizismus, wie sie im Hinduismus, Buddhismus und Taoismus enthalten sind. Hawking hält diesen Weg für falsch. »Das Universum der fernöstlichen Mystik ist eine Illusion. Ein Physiker, der versucht, dieses Universum mit seiner Arbeit zu verbinden, verläßt den Boden der Physik.«[11]

Obwohl Hawking das anthropische Prinzip nicht entwickelt hat, wird es oft mit ihm, Brandon Carter und anderen Kollegen in Verbindung gebracht. Aber weder Hawking noch die meisten anderen Physiker wollen, daß wir es als einzige Erklärung dafür nehmen, warum wir gerade dieses und kein anderes Universum haben. »War alles nur ein glücklicher Zufall?« fragt Hawking. »Das käme einem Offenbarungseid gleich, einem Abschied von unserer Hoffnung, wir könnten die dem Universum zugrunde liegende Ordnung verstehen.«[12]

Der Papst hatte Hawking ermahnt; das anthropische Prinzip deutet die Welt als Folge dessen, daß zufällig einmal die Würfel des Schicksals (ein Wurf unter fast unendlich vielen) zu unseren Gunsten fielen. Manche argumentieren, daß Gott die Macht hätte, seine Meinung zu ändern und alle Dinge einschließlich der Gesetze der Physik neu zu gestalten, wann immer es ihm gefiele. Hawking jedoch glaubte nicht, daß ein allmächtiger Gott irgendein Bedürfnis hätte, seine Meinung zu ändern. Seiner Ansicht nach galten zu der Zeit, die wir den Anfang oder die Schöpfung nennen, bestimmte Gesetze. Diese ließen das Universum so werden, wie es ist, und nicht anders, und wir sind fähig, sie zu verstehen. Hawking wollte wissen, wie diese Gesetze lauten. Er mußte also irgendwie den letzten gordischen Knoten zerschlagen, die Singularität.

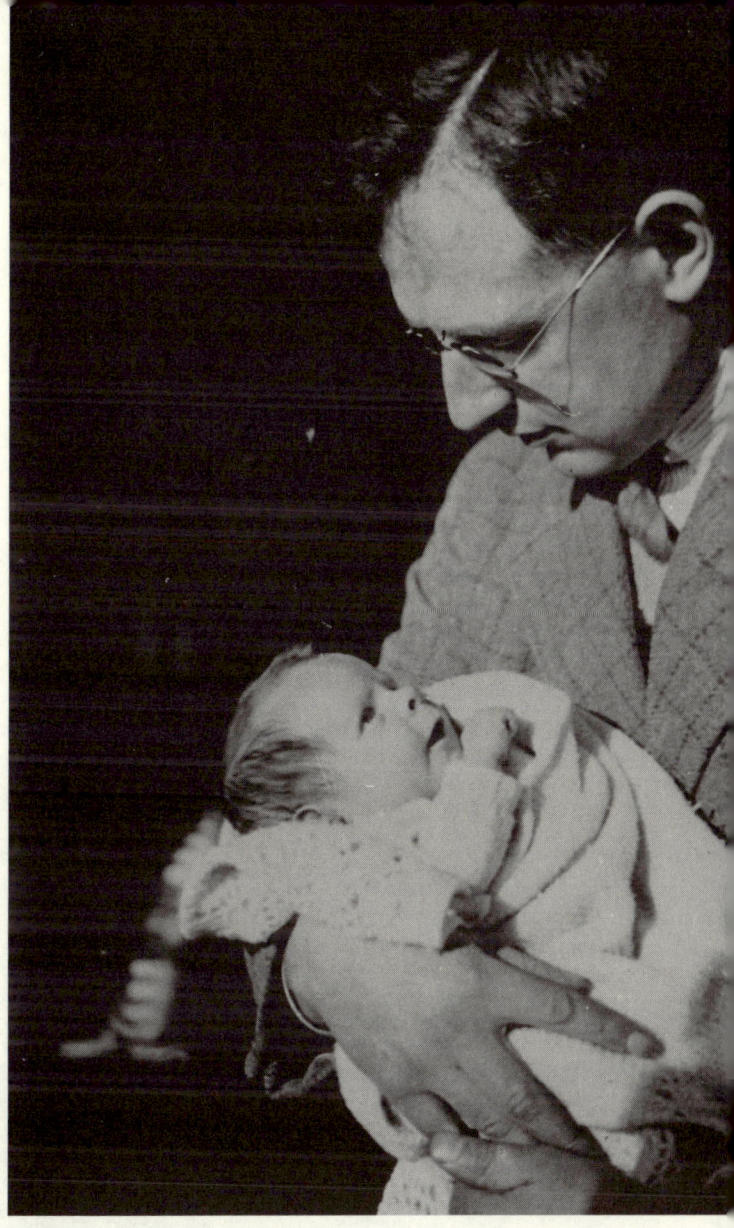

Dr. Frank Hawking
mit seinem gerade geborenen
Sohn Stephen, Januar 1942.
Foto: Stephen Hawking

*Ein ganz normaler
englischer Schüler.*
Foto: Stephen Hawking

*Mit seinem neuen Fahrrad
sieht Stephen schon so
aus, als könnte er es zu
etwas bringen. Einer seiner
Schulfreunde allerdings
wettete dagegen.*
Foto: Stephen Hawking

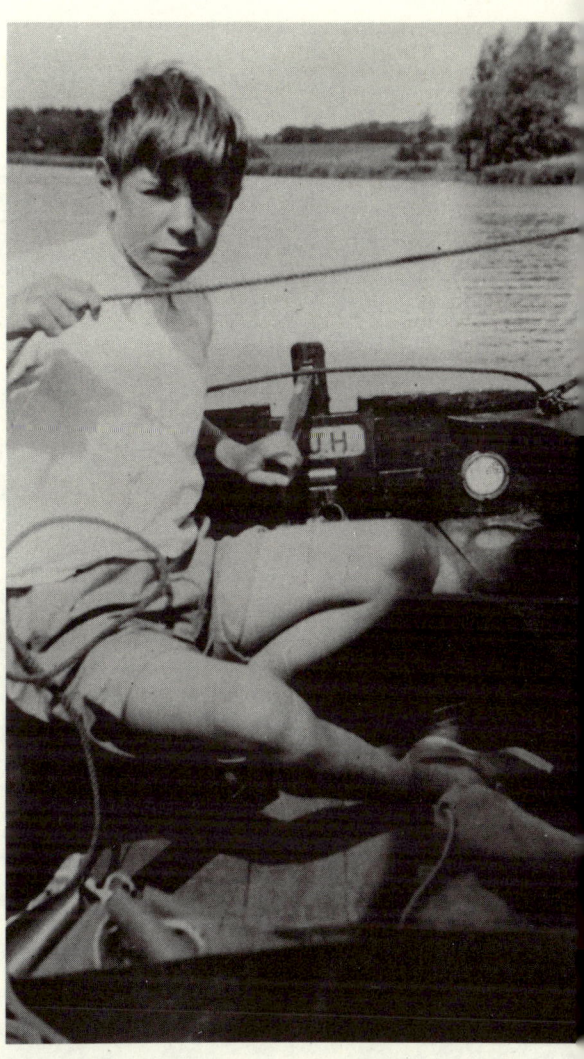

Stephen am Steuerruder.
Foto: Stephen Hawking

Hawking im Alter von zwanzig Jahren,
nachdem er in Oxford 1962 sein Examen
(gerade noch) mit Auszeichnung be-
standen hatte (links).
Hawking und seine Freunde genießen
während der sechziger Jahre das
Studentenleben in Oxford (unten).
Fotos: Stephen Hawking

*Stephen mit seiner Mutter
Isobel Hawking Mitte der sech-
ziger Jahre (unten).
Hawking mit dem neugeborenen
Sohn Robert Ende der sechziger
Jahre (oben rechts).
Robert Hawking zwischen Vater
und Großvater mütterlicherseits
(unten rechts).*
Fotos: Stephen Hawking/ABC News, 20/20

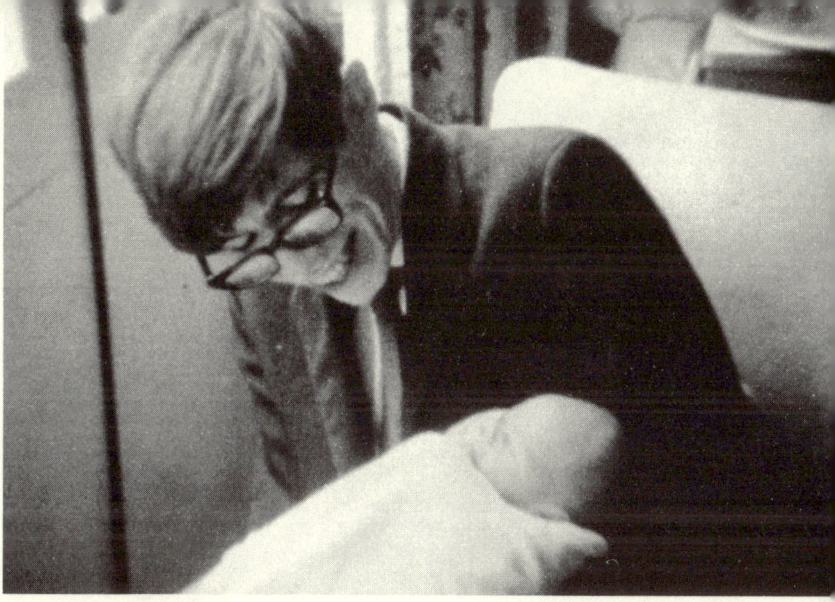

*In den frühen siebziger Jahren
zogen die Hawkings in dieses
Haus in der West Road in
Cambridge.*
Foto: Y. Ferguson

*Die Saint Alban School, wo
Hawking zur Schule ging (unten
links).
Das Department of Applied
Mathematics and Theoretical
Physics der Cambridge University,
Hawkings Büro befindet sich im
Erdgeschoß des rechten Flügels
(oben).*
Fotos: Y. Ferguson

Stephen Hawking, 1979 (links).
Don Page (Mitte) »übersetzt«
Hawkings Äußerungen während
eines Gesprächs mit einem
Besucher (unten).
Fotos: Julian Calder/Woodfin Camp

*Jane Hawking mit ihrer Tochter Lucy
(oben links).*
Foto: Stephen Hawking
*In Hawkings Arbeitszimmer: Timmy,
der auf dem Schoß seines Vaters
sitzt, steckt, mit etwas Hilfe durch
seinen Bruder Robert, seinen Arm tief
in ein Schwarzes Loch (unten links).*
Foto: Homer Sykes/Woodfin Camp
*Hawking mit seiner Frau Jane und
Tochter Lucy im Wohnzimmer ihres
Hauses in der West Road, 1988
(unten).*
Foto: Stephen Hawking

Whereas Stephen Hawking
has such a large investment in
General Relativity and Black
Holes and desires an insurance
policy, and whereas Kip Thorne likes
to live dangerously without an
insurance policy,

Therefore be it resolved that
Stephen Hawking bets 1 year's
subscription to "Penthouse" as against
Kip Thorne's wager of a 4-year
Subscription to "Private Eye", that
Cygnus X 1 does not contain a
black hole of mass above the
Chandrasekhar limit.

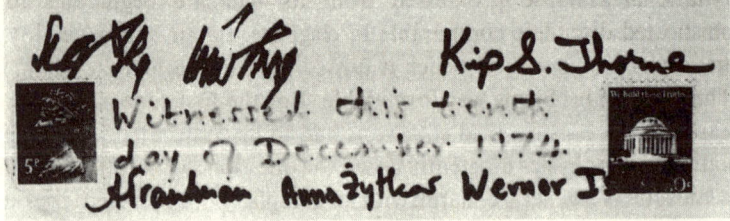

Stephen Hawking   Kip S. Thorne

Witnessed this tenth
day of December 1974.
Afraukman Anna Žytkov Werner J.

*Die Wette des Schwarzen Loches: Diese berühmte Wette, abgeschlossen
1974, zahlte sich schließlich 1990 aus. Der amerikanische Physiker Kip
Thorne besteht darauf, es sei immer noch nicht sicher, daß Cygnus X-1 ein
Schwarzes Loch ist. Hawking jedoch verschaffte sich heimlich Zugang zu
Thornes Büro am California Institute of Technology und hinterließ eine
Notiz, in welcher er die Wette verloren gab.*
Abb.: Stephen Hawking

IN *the chapel of Trinity College stands the figure of Isaac Newton,*

> *The marble index of a mind forever*
> *Voyaging through strange seas of thought alone.*

Here is the present heir to Newton's title, embarked on a voyage of equal ambition, into the infinities of space and time. He first turned his thoughts to the galaxies, where a star in its death throes, its fuel exhausted, collapses to a point of matter infinitesimal in size, yet in mass so dense, in gravity so powerful, that not even light can escape. He has plumbed with mathematics the mysteries of these Black Holes, and discovered what radiation is generated at their surfaces, what power these invisible ghostly voids exert on the visible universe. From the vast spaces where stars live and die with predictability, he has travelled to the subatomic world, where elementary particles obey a contrary law, the law of uncertainty. To reconcile the laws which relate to phenomena on the largest scale, the gravitational laws of Newton and the relativity of Einstein, with the law which relates to the small, the uncertainty principle of quantum mechanics, and in so doing to devise a new and unified theory which will explain the nature and behaviour of all matter, how the universe came into being, and how it developed, and how it may end, is today the greatest intellectual challenge of theoretical science. And in the pursuit of this goal he is the standard-bearer and guide. Fired by a passion to communicate, he has encapsulated in one slim volume's best-selling pages, with a limpid style and engaging wit, a whole Brief History of Time.

I present to you

STEPHEN WILLIAM HAWKING, C.B.E., PH.D.,

Fellow of Gonville and Caius College, Honorary Fellow of Trinity Hall, Lucasian Professor of Mathematics.

Eine ehrenvolle Zusammenstellung von Hawkings Leistungen: die englische Übersetzung einer lateinischen Rede, die anläßlich der Auszeichnung Hawkings als Ehrendoktor der Cambridge University gehalten wurde.
Abb.: James Diggle, University of Cambridge

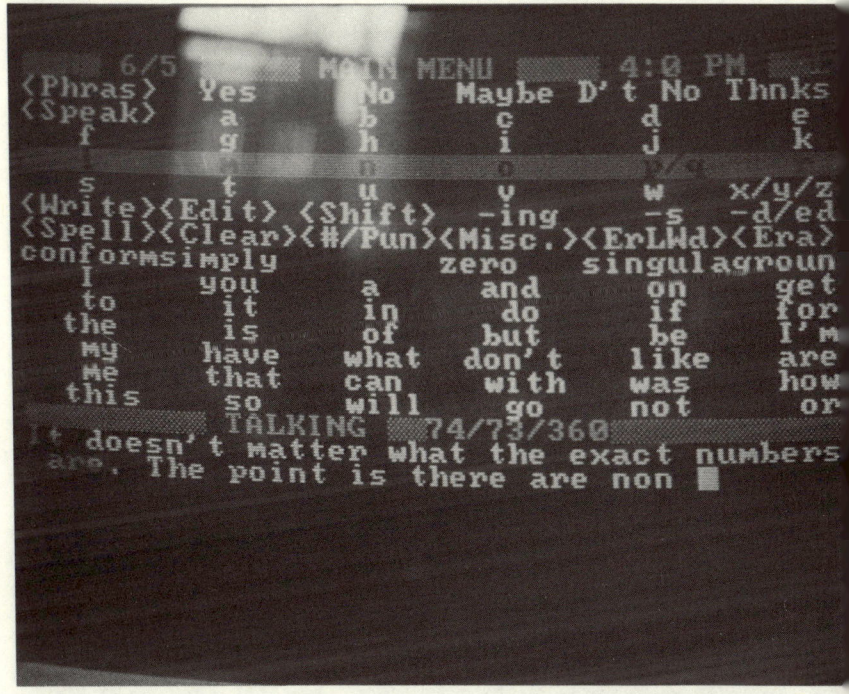

Hawking unterhält sich in seinem Büro mit seinem Assistenten Raymond Laflamme. Besucher und Studenten sitzen gewöhnlich neben Hawking, um seinen Bildschirm im Blick zu haben (oben links).
Foto: Miriam Berkley

Ein gewohntes Bild auf den Straßen von Cambridge (unten links).
Foto: Stephen Shames

Hawking kommuniziert mit Hilfe dieses Bildschirms. Wenn er die benötigten Wörter herausgesucht hat, erscheint der Satz im unteren Teil des Bildschirms (oben).
Foto: Stephen Shames

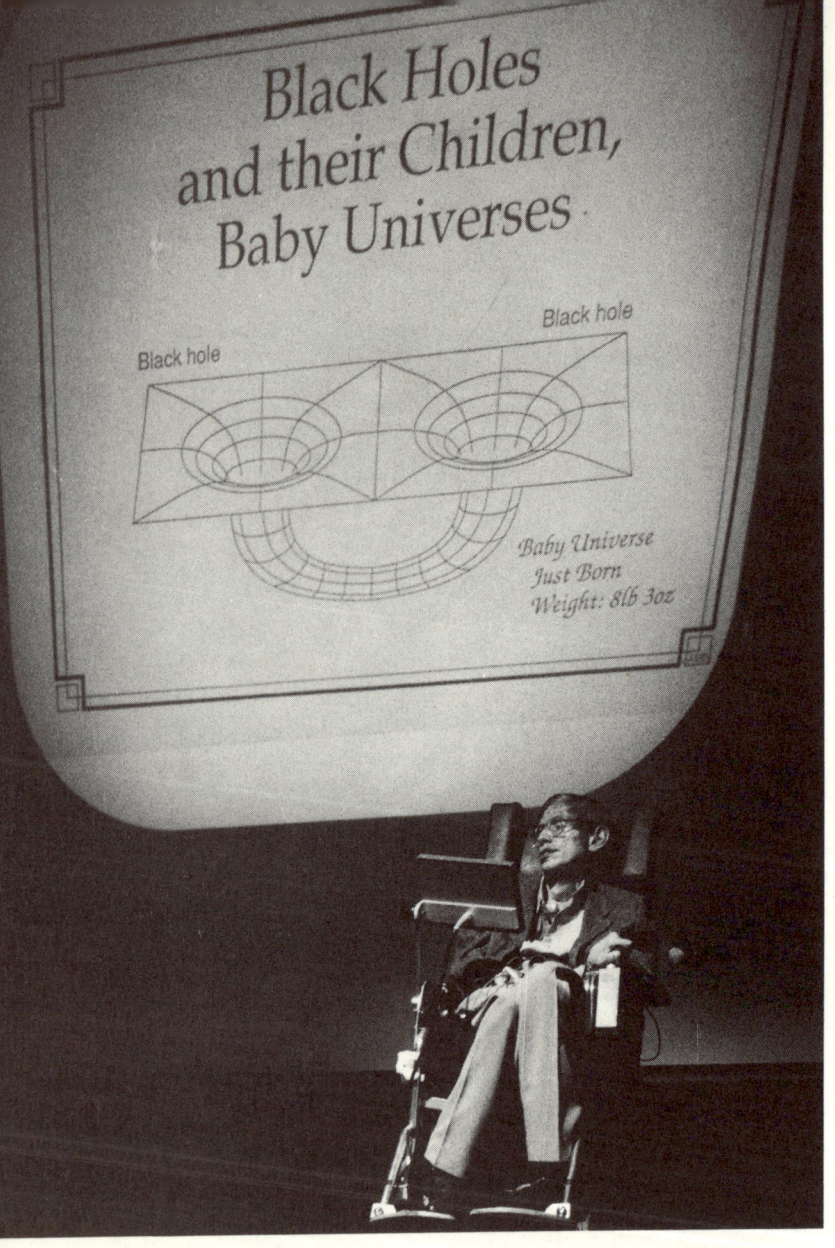

Hawking bei einer Vorlesung über Babyuniversen an der
Northeastern University in Boston (oben).
Foto AP/Wide World Photos

Hawking auf dem Weg zur Verleihung der Ehrendoktorwürde
der Cambridge University, Juni 1989. Bei ihm seine Frau Jane
und seine Söhne Robert und Tim (rechts).
Foto: MMP Cambridge/Melvyn Sibson

*Bei der Verleihung der Ehrendoktorwürde in Cambridge mit
der Jazzsängerin Ella Fitzgerald (oben).*
Foto: dpa

*Mitglieder des Stephen-Hawking-Fan-Clubs in Chicago, der
über 12 000 T-Shirts vertrieben hat, darunter auch einige an
Hawkings »Relativitätsgruppe« in Cambridge.*

Hawking bei der Vorstellung der französischen Ausgabe von »Eine kurze Geschichte der Zeit« in Paris (oben).
Foto: dpa

Das Poster des Bantam-Verlages zur britischen Ausgabe von Hawkings Bestseller (unten).
Abb.: Trans-Wold Publishers, Ltd.

*Stephen Hawking, Anfang
der neunziger Jahre.*
Foto: Francis Giacobetti

7

»Bei all meinen Reisen
habe ich es nicht geschafft,
vom Rand der Welt zu fallen«

Im Jahre 1974 stieß Hawkings Annahme, daß Schwarze Löcher Strahlung aussenden, auf große Skepsis. Wie bereits erwähnt, sahen die meisten Physiker jedoch bald ein, daß diese Annahme alles andere als Unsinn war. Wenn unsere Ideen über Allgemeine Relativität und Quantenmechanik nicht vollkommen falsch sind, müssen Schwarze Löcher wie alle anderen heißen Körper strahlen. Niemand hat bisher ein frühes Schwarzes Loch entdeckt, aber wenn eines entdeckt würde, wären die Physiker schockiert, wenn es *keine* Gammastrahlen aussenden würde.

Denken wir noch einmal an die Teilchen, die von Schwarzen Löchern mit der Hawking-Strahlung ausgesandt werden. Am Ereignishorizont entsteht ein Teilchenpaar. Das Teilchen mit negativer Energie fällt in das Schwarze Loch. Die Tatsache, daß seine Energie negativ ist, bedeutet, daß der Masse des Schwarzen Loches Energie entzogen wird. Was geschieht mit dieser Energie? (Wir glauben nicht, daß Energie einfach aus dem Universum entweichen kann.) Sie wird durch die Teilchen mit positiver Energie in den Raum getragen (siehe Kapitel 5).

Das Resultat ist dann, Sie werden sich erinnern, daß das Schwarze Loch Masse verliert und sein Ereignishorizont schrumpft. Für ein frühes Schwarzes Loch kann die Geschichte damit enden, daß es vollkommen vergeht, möglicherweise in einem gewaltigen Feuerwerk. Die Materie, die zusammengepreßt das Schwarze Loch bildete, und all die andere Materie, die hineinfiel, ist nicht aus dem Universum verschwunden. Sie ist vollständig in Hawking-Strahlung umgesetzt. Wie kann etwas von einem Schwarzen Loch entweichen, wenn doch nichts einem Schwarzen Loch entkommen kann? Das ist eines der ganz großen »Geheimnisse geschlossener Räume«, aufgedeckt eben durch Stephen Hawking. Wenn Hawking 1974 recht hatte und Materie in einem Schwarzen Loch nicht notwendigerweise das absolute Ende der Zeit in einer Singularität erreichen muß, läßt das nicht Zweifel aufkommen über eine andere Singularität: jene Singularität, die er früher als den absoluten *Anfang* der Zeit festschrieb?

Mit dieser Frage im Hinterkopf wandte sich Hawking 1981 wieder dem frühen Universum zu. Die Quantentheorie bot eine neue Möglichkeit: Vielleicht ist die Urknall-Singularität »verwischt«, wie er es bezeichnet. Vielleicht ist die Tür doch nicht vor unserer Nase ins Schloß gefallen.

Hawking weist auf ein ähnliches Problem hin, welches die Quantentheorie zu Beginn unseres Jahrhunderts löste, ein Problem, das mit dem Rutherfordschen Atommodell zusammenhing: »Es gab ein Problem mit der Annahme, das Atom bestehe aus Elektronen, die um einen zentralen Kern kreisen, ähnlich wie Planeten um die Sonne« (Abb. 2.1). »Die damals vorherrschende Theorie sagte eigentlich voraus, daß jedes Elektron aufgrund seiner Bewegung Lichtwellen aussenden müßte. Diese wiederum würden Energie forttragen und so bewirken, daß sich die Elektronen spiralförmig nach innen bewegen, bis sie mit dem Kern kollidieren.«[1] Irgend etwas mußte also falsch sein, denn Atome kollabieren nicht auf diese Weise.

Die Hilfe kam von der Quantenmechanik. Wie bereits dargelegt, kann man aufgrund der Unschärferelation nie-

146

mals gleichzeitig sowohl die genaue Position als auch die präzise Geschwindigkeit eines Elektrons angeben. »Wenn das Elektron auf dem Kern sitzen würde, hätte es eine bestimmte Position und zugleich eine bestimmte Geschwindigkeit«, bemerkt Hawking. »Das jedoch wäre ein Widerspruch zur Quantenmechanik, wonach das Elektron keine exakt bestimmbare Position besitzt, die Wahrscheinlichkeit, es zu finden, vielmehr über bestimmte Gebiete um den Kern herum verteilt ist.« Die Elektronen bewegen sich nicht spiralförmig nach innen, bis sie auf den Kern stoßen. Die Atome kollabieren nicht.

Nach Hawkings Ansicht ähnelt »die Voraussage der klassischen Theorie (die Elektronen stoßen auf den Kern) ziemlich stark jener Voraussage der klassischen Relativitätstheorie, daß es eine Urknall-Singularität mit unendlicher Dichte« gegeben hat.[2] Die Aussage, daß sich beim Urknall alles an einem Punkt unendlicher Dichte oder in einem Schwarzen Loch konzentrierte, ist zu genau, um mit der Unschärferelation vereinbar zu sein. Entsprechend Hawkings Gedankengang sollte das Heisenbergsche Prinzip die Singularitäten, vorhergesagt von der Relativitätstheorie, ebenso »verwischen«, wie es die Positionen der Elektronen verschwimmen läßt. So wie es keinen Kollaps eines Atoms gibt, vermutete Hawking, daß es am Beginn des Universums oder in Schwarzen Löchern keine Singularität gibt. Der Raum wäre dort sehr verdichtet, aber möglicherweise kein Punkt von unendlicher Dichte.

Die Allgemeine Relativitätstheorie hat vorausgesagt, daß innerhalb von Schwarzen Löchern und im Urknall die Krümmung der Raumzeit unendlich wird. Hawking wollte für den Fall, daß sich das *nicht* ereignet, untersuchen, »welche Formen Raum und Zeit statt der eines Punktes mit unendlicher Krümmung annehmen«.[3]

Falls Sie die folgenden Diskussionen schwierig finden, scheuen Sie sich nicht, sie nur zu überfliegen. Um Hawkings Theorie grob zu erfassen, ist es nicht nötig, jedes Wort zu verstehen, aber je besser man sie begreift, desto interessanter wird sie. Natürlich sind die Berechnungen, die Hawking bei dieser Beschreibung verwendet und die Sie und ich brauchen würden, um ihn vollkommen zu verstehen, bedeutend komplizierter als die einfache Mathematik, die Sie hier finden werden.

Die Relativitätstheorie verbindet Raum und Zeit zur vierdimensionalen Raumzeit: drei Raumdimensionen und eine Zeitdimension. Betrachten Sie das Raumzeit-Diagramm in Abb. 7.1. Hier sehen Sie ein Mädchen namens Caitlin auf ihrem Weg vom Klassenzimmer zum Speisesaal. Die vertikale Linie links zeigt den Verlauf der Zeit. Die untere horizontale Linie möge alle Raumdimensionen repräsentieren. Jeder einzelne Punkt in unserem Raumzeit-Diagramm stellt eine Position im Raum zu einem bestimmten Zeitpunkt dar. Lassen Sie uns sehen, wie das funktioniert.

Das Diagramm beginnt für Caitlin an ihrem Tisch in ihrem Klassenzimmer um 12.00 Uhr mittags. Sie sitzt still, bewegt sich vorwärts in der Zeit, aber nicht im Raum. Im Diagramm bewegt sich ein kleines Band von »Caitlins« in der Zeit vorwärts. Um 12.05 Uhr erschallt die Glocke. Caitlin begibt sich auf den Weg zum Speisesaal. (Ihr Tisch bewegt sich weiter in der Zeit, aber nicht im Raum.) Caitlin bewegt sich sowohl im Raum als auch in der Zeit. Um 12.07 Uhr hält sie inne, um ihre Schuhe zuzubinden. Für eine Minute bewegt sie sich erneut weiter in der Zeit, aber nicht im Raum. Um 12.08 Uhr ist sie wieder auf dem Weg

148

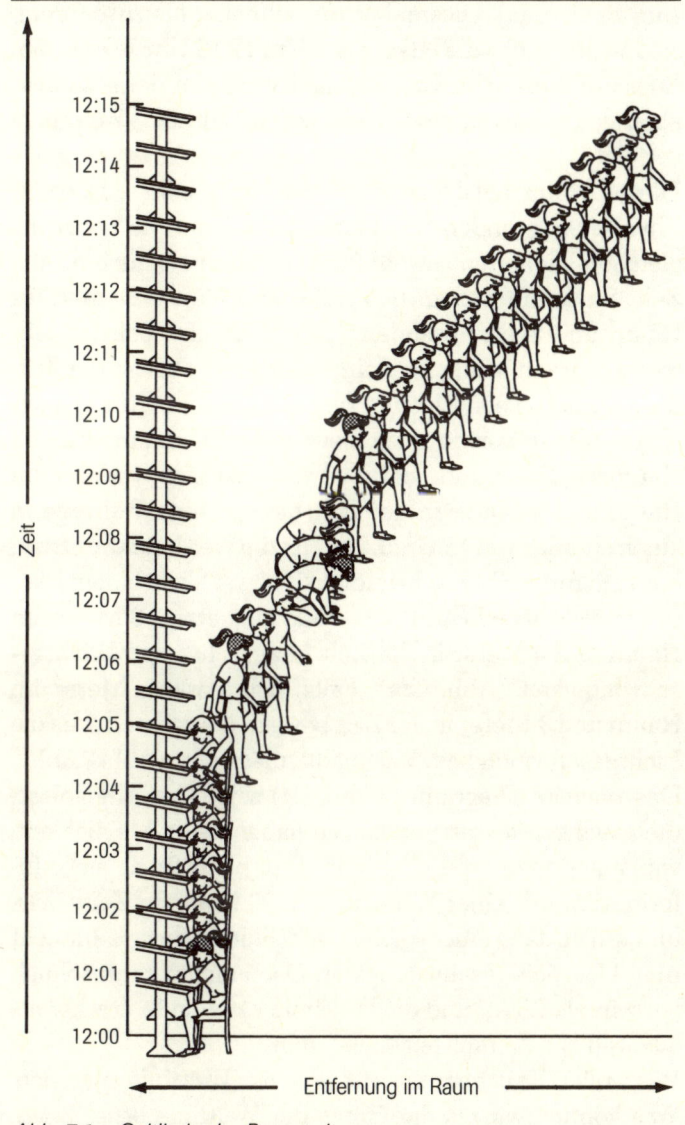

Abb. 7.1   Caitlin in der Raumzeit

zum Speisesaal. Diesmal etwas schneller als zuvor, denn sie möchte nicht die letzte sein. Um 12.15 Uhr hat sie den Speisesaal erreicht. Ein Physiker würde zu dem, was wir eben getan haben, sagen, wir haben Caitlins »Weltlinie« verfolgt.

Dieses Raumzeit-Diagramm war nicht sehr ausgefeilt. Physiker verwenden für Raumzeit-Diagramme meist die gleichen Einheiten sowohl für den Raum als auch für die Zeit. Sie könnten zum Beispiel Meter als die Einheit für Raum und Zeit verwenden. (Ein Meter der Zeit ist sehr wenig, nur ein Millionstel einer Sekunde. Das ist die Zeit, die ein Photon benötigt, um sich mit Lichtgeschwindigkeit einen Meter vorwärts zu bewegen.) In einem solchen Raumzeit-Diagramm hätte etwas, das sich 4 Meter im Raum und 4 Meter in der Zeit bewegt, eine Weltlinie in einem Winkel von 45 Grad. Dies ist die Weltlinie von etwas, das sich mit Lichtgeschwindigkeit bewegt, von einem Photon zum Beispiel (Abb. 7.2). Falls sich etwas 3 Meter im Raum und 4 Meter in der Zeit bewegt, hat es ¾ Lichtgeschwindigkeit (Abb. 7.3a). Falls sich etwas 4 Meter im Raum und 3 Meter in der Zeit bewegt, überschreitet es die Lichtgeschwindigkeit, was nicht zulässig ist (Abb. 7.3b).

Das nächste Diagramm (Abb. 7.4) zeigt zwei Ereignisse, die gleichzeitig stattfinden. Sie haben keine Möglichkeit, voneinander zu erfahren, denn dazu bedürfte es einer Information mit einer Weltlinie von 90 Grad zur Zeitachse, und um entlang einer solchen Weltlinie zu fliegen, braucht man Überlichtgeschwindigkeit. Doch nichts kann schneller sein als Licht, und die Weltlinie kann nicht stärker als 45 Grad zur Zeitachse geneigt sein.

Wir wollen jetzt über die »Länge« der Weltlinie sprechen. Was können wir als die Länge der Weltlinie bezeichnen, eine Länge, die alle vier Dimensionen berücksichtigt?

Lassen Sie uns die Weltlinie von etwas untersuchen, das schneller ist als Caitlin. Das Objekt in Abb. 7.5 bewegt sich 4 Meter im Raum und 5 Meter in der Zeit, also mit ⅘ der Lichtgeschwindigkeit. Denken Sie bei der Distanz, die es in »räumlicher« Richtung des Diagramms zurücklegt, an eine Seite eines Dreiecks (Seite A). Denken Sie bei der Distanz, die es in »zeitlicher« Richtung des Diagramms zurücklegt, an die zweite Seite (Seite B). Dies macht zwei

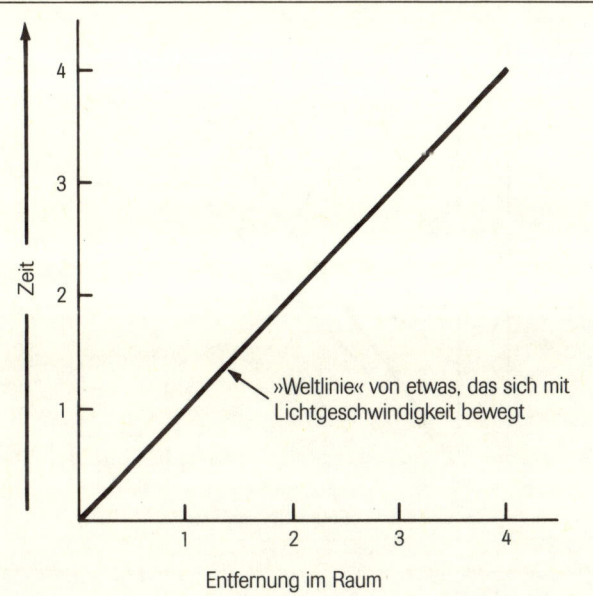

Abb. 7.2
Ein Raumzeit-Diagramm, in dem ein Meter sowohl als Längeneinheit wie auch als Zeiteinheit benutzt wird. Wenn etwas vier Meter im Raum und vier Meter in der Zeit zurücklegt, verläuft seine »Weltlinie« in einem Raumzeit-Diagramm genau in einem Winkel von 45 Grad zur Zeitachse. Das ist die Weltlinie eines Photons oder von irgend etwas anderem, das sich mit Lichtgeschwindigkeit bewegt.

Seiten eines rechtwinkligen Dreiecks aus. Die Weltlinie des sich bewegenden Objektes ist die Hypotenuse dieses Dreiecks (Seite C).

Aus der Schulgeometrie haben wir behalten, daß das Quadrat der Hypotenuse eines rechtwinkligen Dreiecks gleich der Summe der Quadrate der anderen beiden Seiten ist. Das Quadrat von 4 (Seite A) ist 16. Das Quadrat von 5 (Seite B) ist 25. Die Summe von 16 und 25 ist 41. Die Länge der Seite C ist also die Quadratwurzel aus 41.

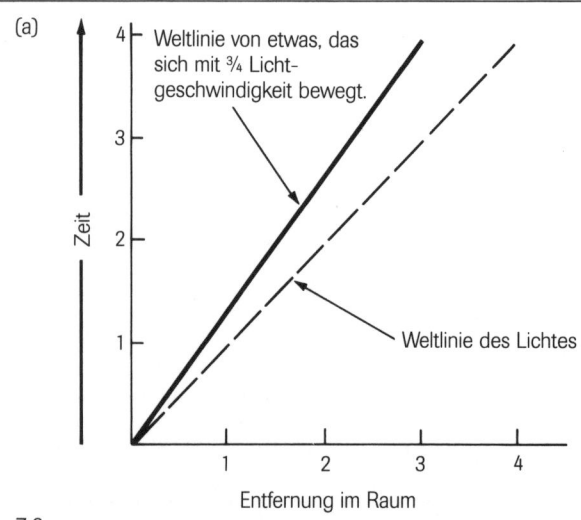

Abb. 7.3
(a) Ein Raumzeit-Diagramm, das die Weltlinie von etwas zeigt, das sich 3 Meter im Raum und 4 Meter in der Zeit bewegt: mit ¾ Lichtgeschwindigkeit.

So wird in der Schulgeometrie gerechnet. Mit der Raumzeit ist es etwas anderes. Das Quadrat der Hypotenuse (Seite C) ist nicht gleich der Summe der Quadrate der anderen Seiten. Es ist gleich der Differenz der Quadrate der anderen beiden Seiten. Unser Objekt bewegt sich 4 Meter im Raum (Seite A des Dreiecks) und 5 Meter in der Zeit (Seite B). Das Quadrat von 4 ist 16, und das Quadrat von 5 ist 25. Die Differenz zwischen 25 und 16 ist 9. Die Quadratwurzel aus 9 ist 3. Wir wissen damit, daß die

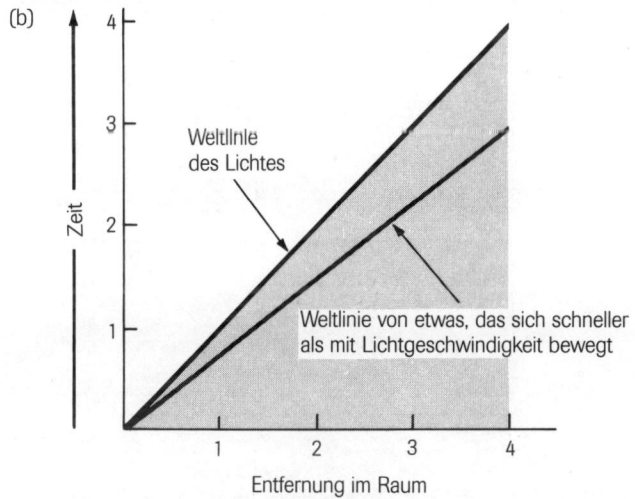

(b) Weltlinie von etwas, das sich 4 Meter im Raum und 3 Meter in der Zeit bewegt. Wenn die zurückgelegte Entfernung im Raum größer ist als die in der Zeit, wie in diesem Fall, dann überschreitet das Objekt die Lichtgeschwindigkeit.

Eine solche Weltlinie mit einer Neigung von mehr als 45 Grad ist nicht erlaubt. Man könnte auch sagen, daß eine Weltlinie, die am Nullpunkt beginnt und durch das schattierte Gebiet läuft, nicht erlaubt ist. Denn um sich entlang einer solchen Weltlinie zu bewegen, müßte man schneller sein als das Licht.

dritte Seite des Dreiecks, die Seite C, die Weltlinie unseres sich bewegenden Objektes, eine Länge von 3 Metern in der Raumzeit hat.

Nehmen wir aus Spaß an, das Objekt besäße eine Uhr. Die Uhr würde genau diese Länge (3 Meter) als »Zeit« anzeigen.

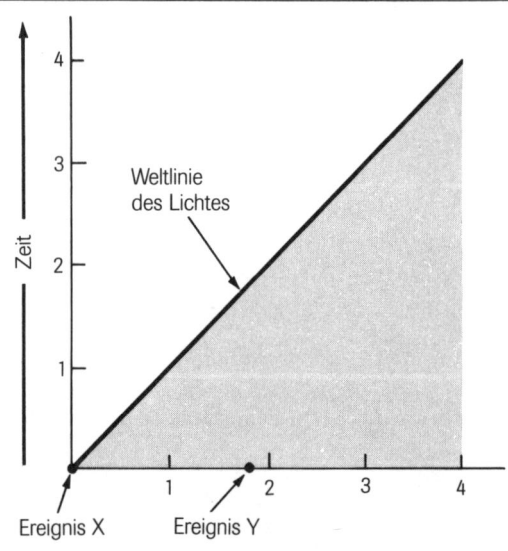

Abb. 7.4
Ein Raumzeit-Diagramm, das zwei Ereignisse (X und Y) zeigt, die gleichzeitig, aber in räumlicher Entfernung voneinander stattfinden. In dem Moment, in dem sie sich ereignen, können sie nichts voneinander wissen, denn jede Information, die von einem zum anderen eilt, müßte eine Weltlinie besitzen, die einen Winkel von weniger als 45 Grad zur Zeitachse hat. Eine Weltlinie mit einem Winkel von mehr als 45 Grad erfordert Überlichtgeschwindigkeit. Das ist in unserem Universum nicht erlaubt.

In Abb. 7.6 bleibt Lauren an ihrem Ort und mißt 5 Stunden auf ihrer Uhr. Ihr Zwillingsbruder Tim, der sich mit ⅘ Lichtgeschwindigkeit bewegt, mißt nur 3 Stunden auf seiner. Tim ändert seine Richtung und kehrt zurück, wiederum mißt er die 3 Stunden, während Lauren 5 Stunden mißt. Tim ist etwas jünger als Lauren, wenn Sie sich

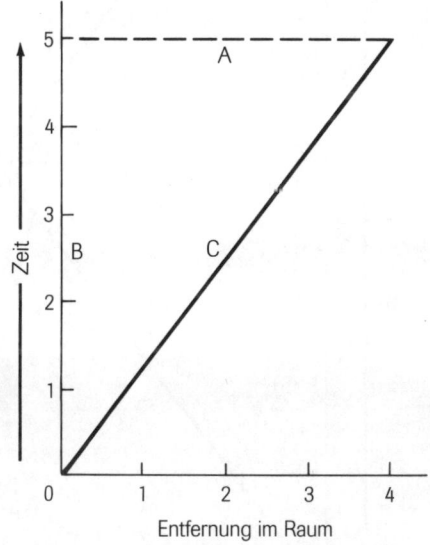

In unserer Schulgeometrie ist das Quadrat der Seite C (die Hypotenuse) gleich der Summe der Quadrate der Seiten A und B.

In der Geometrie der Raumzeit ist das Quadrat der Seite C (die Hypotenuse) gleich der DIFFERENZ zwischen den Quadraten der Seiten A und B.

Abb. 7.5
Ein rechtwinkliges Dreieck: Die Seite A ist der im Raum zurückgelegte Abstand, die Seite B ist der in der Zeit zurückgelegte Abstand und die Seite C, die Hypotenuse, die zurückgelegte Weltlinie.

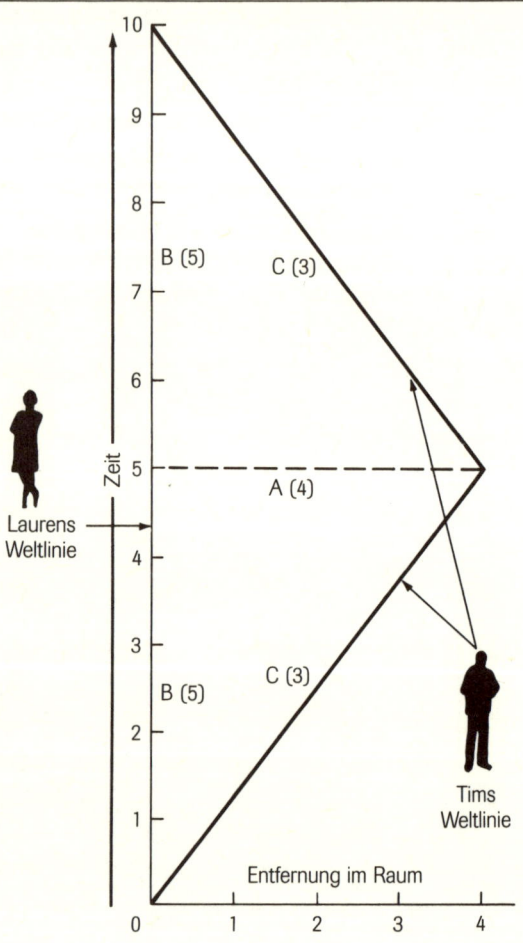

Tim reist 3 Stunden (auf seiner Uhr) von zu Hause weg und 3 Stunden zurück, und zwar mit einer Geschwindigkeit von ⅘ Lichtgeschwindigkeit. Seine Zwillingsschwester Lauren bleibt zu Hause und reist nicht durch den Raum. Während Lauren 10 Stunden auf ihrer Uhr mißt, mißt Tom auf seiner nur 6 Stunden. Er ist 4 Stunden jünger als seine Zwillingsschwester, wenn er wieder mit ihr zusammentrifft.

Abb. 7.6   Das »Zwillings-Paradoxon«

wieder treffen. Dies ist eine der bemerkenswertesten, unglaublichen Erscheinungen, die uns Einstein über das Universum gelehrt hat.

Lassen Sie uns jetzt Raumzeit-Diagramme und Weltlinien von kleinen Objekten, von Elementarteilchen, betrachten.

»Aufsummierung von Möglichkeiten«
oder Die Wahrscheinlichkeit, die Venus zu besuchen

Erinnern Sie sich an die verschwommenen Positionen eines Elektrons im Atommodell, über die wir zuvor sprachen? Ihre Positionen waren verschwommen, weil wir nicht gleichzeitig sowohl ihren Ort als auch ihre Geschwindigkeit präzise messen konnten. Richard Feynman, der amerikanische Physiker, fand einen Weg, mit diesem Problem umzugehen. Diesen Weg nennen wir heute die »Aufsummierung von Möglichkeiten«.

Stellen Sie sich vor, Sie würden alle verschiedenen Wege betrachten, die Sie von der Schule nach Hause bringen, nicht nur den kürzesten, den fast alle gehen, oder den, der fürs Fahrrad am besten geeignet ist. Es gibt Milliarden und aber Milliarden möglicher Wege. Sie werden schließlich ein etwas verschwommenes Bild von sich selbst bekommen, wenn Sie sich vorstellen, wie Sie auf all diesen Wegen nach Hause gehen. Aber einige Wege sind sicherlich wahrscheinlicher als andere. Wenn Sie die Wahrscheinlichkeiten für die verschiedenen Möglichkeiten untersuchen, werden Sie feststellen, daß es zu jedem Zeitpunkt unwahrscheinlich ist, Sie beispielsweise auf der Venus anzutreffen.

Auf eine ähnliche Art und Weise der »Aufsummierung von Möglichkeiten« betrachten Physiker jeden möglichen Weg in der Raumzeit, den ein bestimmtes Teilchen gegangen sein könnte. Auf diese Art ist es möglich, für ein Teilchen die *Wahrscheinlichkeit* herauszufinden, daß es an einem bestimmten Punkt vorbeikommt – analog zu den Überlegungen, wie wahrscheinlich es ist, daß Sie auf dem Weg über die Venus nach Hause kommen. (Man sollte nicht auf die Idee verfallen, Teilchen würden einen Weg *wählen*. Das wäre dann doch zuviel der Analogie.)

Es gibt noch eine andere Möglichkeit, die Aufsummierung von Möglichkeiten anzuwenden. Hawking benutzt sie dazu, all die möglichen verschiedenen Historien, die das Universum gehabt haben könnte, und ihre jeweilige Wahrscheinlichkeit zu studieren.

Um das folgende zu verstehen, müssen Sie wissen, daß die Relativitätstheorie uns zwar lehrt, die drei Raumdimensionen und die Zeitdimension als vier Dimensionen der Raumzeit zu betrachten, daß es aber dennoch physikalische Unterschiede zwischen Raum und Zeit gibt. Einer der Unterschiede hat, wie oben erwähnt, etwas zu tun mit der Art, mit der wir den vierdimensionalen Abstand zweier Punkte in der Raumzeit messen: über die Hypotenuse eines Dreiecks.

Abb. 7.7a zeigt zwei getrennte Ereignisse (X und Y) in einem Raumzeit-Diagramm. Sie sind durch eine Weltlinie in einem Winkel über 45 Grad mit der Zeitachse verbunden. Das heißt, zwischen diesen Ereignissen kann keine Information fließen, ohne daß die Lichtgeschwindigkeit überschritten wird. In einem solchen Fall, wenn die Distanz zwischen zwei Ereignissen räumlich größer ist als zeitlich, ist das Quadrat der Hypotenuse (Seite C unseres Dreiecks) eine *positive* Zahl. In der Sprache der Physiker ausgedrückt: Das Quadrat des »vierdimensionalen Abstandes« zwischen den Ereignissen X und Y ist positiv.

Abb. 7.7b zeigt ebenfalls zwei Ereignisse. Der Abstand zwischen ihnen ist zeitlich größer als räumlich. Eine Weltlinie zwischen diesen zwei Ereignissen verläuft im Winkel von weniger als 45 Grad zur Zeitachse. Auch Information, die sich mit weniger als Lichtgeschwindigkeit ausbreitet, kann Y von X aus erreichen. Wenn dies eintritt, ist das Quadrat der Hypotenuse (Seite C) unseres Dreiecks eine *negative* Zahl. Physiker sagen, das Quadrat des vierdimensionalen Abstandes zwischen X und Y ist negativ.

Vielleicht haben Sie die letzten beiden Absätze vollkommen verwirrt. Wenn nicht, müßte bei Ihnen jetzt ein rotes Licht angehen. Das Quadrat einer Zahl kann nicht negativ sein. Das kann sich in unserer Mathematik nicht ereignen. Falls das Quadrat einer Zahl negativ wäre, wie könnte diese Zahl aussehen? Was ist beispielsweise die Quadratwurzel aus -9? In unserer Mathematik ist das Quadrat einer jeden Zahl (negativ oder positiv) stets positiv; 3^2 gleich 9, ebenso $(-3)^2$ gleich 9. Wir bekommen niemals -9. Es ist unmöglich, daß ein Quadrat von *irgend etwas* negativ ist.

Stephen Hawking sowie andere Mathematiker und Physiker haben einen Weg gefunden, diese Schwierigkeit zu umgehen. Nehmen wir an, es gäbe Zahlen, die negative Zahlen erzeugen, wenn sie mit sich selbst multipliziert werden, und sehen wir, was dann geschieht. Sagen wir, die imaginäre Eins, mit sich selbst multipliziert, ergibt minus eins. Die imaginäre Zwei, mit sich selbst multipliziert, ergibt minus vier. Wir nehmen nun die Aufsummierung von Möglichkeiten von Teilchen und die des Universums unter Verwendung imaginärer Zahlen vor. Wir betrachten sie in »imaginärer« Zeit anstatt in »realer« Zeit. Die Zeit, die man benötigt, um von Punkt X zu Punkt Y in Abb. 7.7b zu gelangen, ist imaginäre Zeit – die Quadratwurzel von minus neun – die imaginäre Drei.

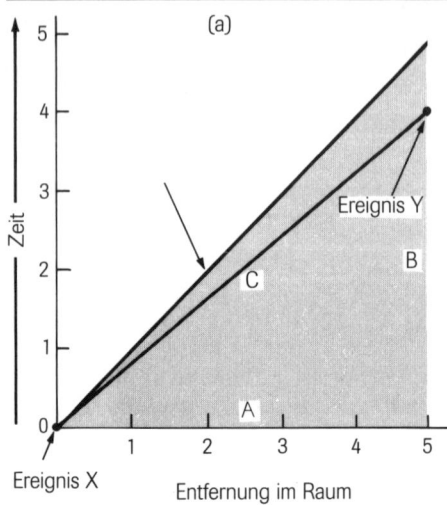

(a) Wenn zwei Ereignisse (X und Y) im Raum weiter auseinanderliegen als in der Zeit, so erfordert die Weltlinie, die sie verbindet, notwendigerweise eine Geschwindigkeit, die höher ist als die Lichtgeschwindigkeit. Das Quadrat ihres Abstandes in der vierdimensionalen Raumzeit (das Quadrat der Seite C) ist eine POSITIVE Zahl.

(b) Wenn zwei Ereignisse (X und Y) in der Zeit weiter voneinander entfernt liegen als im Raum, erfordert die verbindende Weltlinie keine Geschwindigkeit, die höher ist als die Lichtgeschwindigkeit. Das Quadrat ihres Abstandes in der vierdimensionalen Raumzeit (das Quadrat der Seite C) ist eine NEGATIVE Zahl.

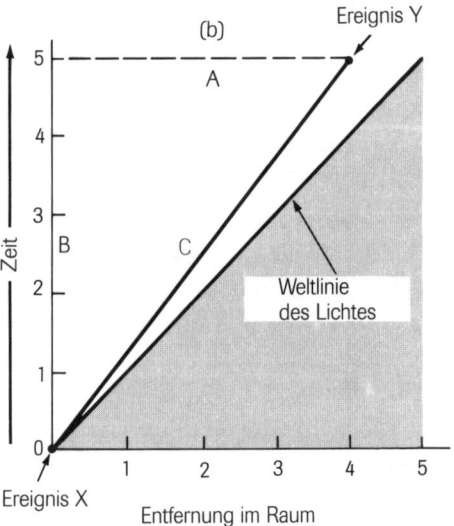

Abb. 7.7
Eine Unterscheidung zwischen Raum und Zeit

Imaginäre Zahlen sind ein mathematischer Kunstgriff (ein Trick, wenn Sie das vorziehen), um Ergebnisse zu berechnen, die anderenfalls Unsinn wären. Die »imaginäre Zeit« erlaubt Physikern, die Gravitation auf Quantenniveau besser zu verstehen, und ermöglicht ihnen einen ganz anderen Blick auf das frühe Universum.

Kann die Lichtgeschwindigkeit verwischt sein?

Einigen von Hawkings Kollegen bereitet die folgende Erklärung Probleme, aber Hawking versichert, daß es seiner Meinung nach der korrekte Weg ist, über dieses Thema nachzudenken:

Gehen wir zurück in das sehr frühe Universum, als der Raum mehr und mehr zusammengepreßt wurde. Dort gab es weniger Möglichkeiten, wo das Teilchen (seine Position) zu einem gegebenen Moment hätte sein können. Die Position wurde immer genauer bestimmbar. Aufgrund der Unschärferelation führt dies dazu, daß die Messung der Geschwindigkeit des Teilchens immer ungenauer wird.

Lassen Sie uns ein Photon, ein Teilchen des Lichtes, unter normalen Umständen betrachten. Sie haben gehört, daß Photonen 300 000 Kilometer pro Sekunde zurücklegen. Jetzt muß ich hinzufügen, daß das nicht immer so ist. (Wenn Sie das Buch bis hierher gelesen haben, sind Sie ja schon einige Kehrtwendungen gewohnt!) Für Photonen wie auch Elektronen können aufgrund der Unschärferelation nicht gleichzeitig Ort und Geschwindigkeit präzise angegeben werden. Sie haben erfahren, daß die Wahrscheinlichkeit, ein Elektron zu finden, sich über bestimmte Gebiete um den Kern eines Atoms herum verteilt: Zwar ist die Wahrscheinlichkeit an einigen Orten

höher als woanders, aber es bleibt doch eine recht ver-
schwommene Geschichte.

Nach Ansicht von Richard Feynman und anderen Natur-
wissenschaftlern ist nun auch die Wahrscheinlichkeit, daß
ein Photon mit 300 000 Kilometern pro Sekunde fliegt,
verschwommen. Wir könnten auch sagen, die Geschwindigkeit des Photons fluktuiert mehr oder weniger um das,
was wir die Lichtgeschwindigkeit nennen. Über lange Distanzen gleichen sich die Schwankungen aus, so daß die
Geschwindigkeit des Photons tatsächlich 300 000 Kilometer pro Sekunde beträgt. Aber über sehr kurze Distanzen,
auf Quantenniveau, gibt es die Möglichkeit, daß sich das
Photon etwas langsamer oder schneller als diese Geschwindigkeit bewegt. Diese Fluktuationen können nicht
direkt beobachtet werden, aber der Weg des Photons im
Raumzeit-Diagramm, den wir mit 45 Grad gezeichnet haben, wird ein klein wenig wellig.

Wenn wir das sehr frühe Universum untersuchen, wo der
Raum sehr komprimiert ist, wird diese Linie *sehr* wellig.
Die Unschärferelation bedeutet, je präziser wir die Position des Photons messen, desto weniger sind wir fähig, die
Geschwindigkeit präzise zu messen. Wenn wir sagen, daß
im sehr frühen Universum alles fast unendlich dicht war
(keine Singularität, aber dem sehr nahe), so werden wir
außerordentlich präzise bezüglich des Ortes des Teilchens. Wenn wir aber eine solche Präzision hinsichtlich
der Position erlangen, wird unsere Ungenauigkeit bezüglich der Geschwindigkeit furchtbar groß. Wenn die Dichte
beinahe unendlich ist, gibt es auch eine fast unendliche
Zahl von möglichen Geschwindigkeiten. Was geschieht
nun mit unserem Raumzeit-Diagramm? Sehen Sie sich
einmal Abb. 7.8 an. Die Weltlinie eines Photons, die unter
normalen Umständen als 45-Grad-Linie dargestellt ist,

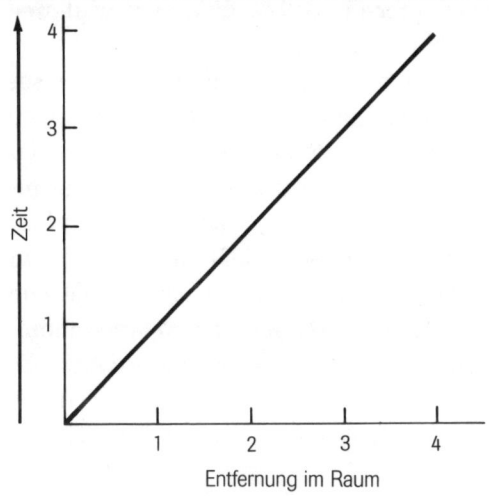

Normalerweise zeigt ein Raumzeit-Diagramm die Weltlinie eines Photons, welches sich mit Lichtgeschwindigkeit bewegt, als eine 45-Grad-Linie.

Im sehr frühen Universum, als der Raum sehr komprimiert war, verursacht die Unschärferelation, daß die Weltlinie eines Photons stark fluktuiert. Dadurch geht das wesentlichste Unterscheidungsmerkmal zwischen Raum und Zeit verloren.

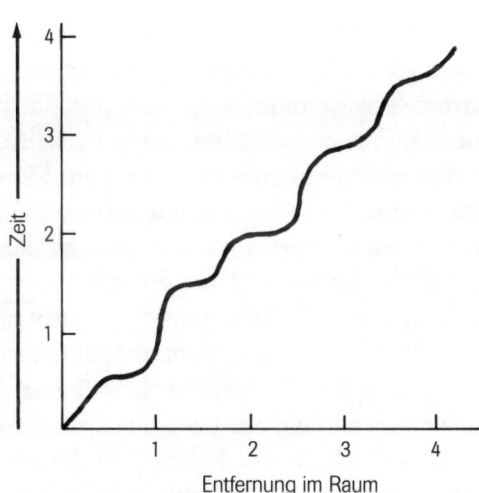

Abb. 7.8
Die Unschärferelation im frühen Universum

wird *furchtbar* verschwommen. Sie fluktuiert wild und kräuselt sich.

Es gibt noch einen anderen Weg, sich die Ursache dieses »Kräuselns« zu erklären, einen Weg, der eine deutlichere Verbindung zu anderen Modellen hat, über die Sie in diesem Buch gelesen haben: Zurück in das sehr frühe Universum zu reisen ist so, als würden wir selbst unvorstellbar stark schrumpfen, so daß wir sehen können, was sich auf dem Niveau des extrem Kleinen abspielt. Stellen Sie sich das so vor: Wenn Sie auf diese Buchseite sehen, so scheint diese glatt, und daran ändert sich auch nichts, wenn Sie das Papier ein bißchen biegen. In der gleichen Weise scheint die Raumzeit um uns herum trotz ihrer Krümmung glatt.

Aber andererseits, wenn Sie die Buchseite unter einem Mikroskop betrachten, so sehen Sie Kurven und Hügel. Gleichzeitig finden Sie in der Geometrie der Raumzeit gewaltige Fluktuation (Abb. 7.9), wenn Sie auf ein extrem kleines Niveau gehen, milliardenfach kleiner als ein Atom. Wir werden das noch einmal in Kapitel 9 erörtern und darlegen, daß daraus etwas resultiert, was man als »Wurmlöcher« bezeichnet. Aber im Moment interessiert uns nur, daß wir die gleichen riesigen Schwankungen auch im frühen Universum finden, in dem alles zu dieser extremen Kleinheit zusammengepreßt ist.

Wie können wir diese gewaltige, chaotische Szene erklären? Wenden wir uns noch einmal der Unschärferelation zu. Wir sahen in Kapitel 6, daß nach diesem Prinzip beispielsweise ein elektromagnetisches Feld oder ein Gravitationsfeld nie gleichzeitig eine bestimmte Stärke und eine bestimmte Änderungsrate haben kann. Da Null einer ganz präzisen Messung entspricht, können niemals beide Größen eines Feldes und damit das Feld insgesamt

Null sein. In einem vollkommen leeren Raum müßten sämtliche Feldmessungen Null ergeben. Da das aber nicht sein kann, gibt es keinen vollkommen leeren Raum. Was haben wir anstatt des leeren Raumes? Eine kontinuierliche Fluktuation in den Feldstärken, ein Schwanken, ein bißchen zur negativen Seite, ein bißchen zur positiven Seite hin, so daß sich im Mittel Null ergibt. Man kann sich diese Fluktuation ähnlich wie Teilchenpaare vorstellen, die bei der Erklärung der Hawking-Strahlung herangezogen wurden. Die Teilchenproduktion ist dort am größten, wo die Raumkrümmung am intensivsten ist und sich am schnellsten ändert. Das ist der Grund, warum wir am Ereignishorizont eines Schwarzen Loches eine so rege Aktivität vorfinden.

Im sehr frühen Universum haben wir eine extrem große Raumkrümmung, verbunden mit einer rapiden Änderung. Die Quantenfluktuation in allen Feldern, einschließlich des Gravitationsfeldes, wird außerordentlich groß, und ebenso könnte man sagen, es gibt gewaltige Fluktuationen in der Krümmung der Raumzeit. Wir sprechen nicht über große Kurven, ähnlich den riesigen Wogen des Ozeans. Wir sprechen über alle möglichen sich ständig ändernden Windungen, Kräuselungen und Wirbel. Mit der Weltlinie des Photons geschehen in solch einer wilden, bizarren Umgebung eigenartige Dinge. Sehen Sie sich Abb. 7.8 und 7.9 an.

Welche Erklärung Sie auch bevorzugen, der Punkt ist, daß der Unterschied zwischen den Richtungen von Raum und Zeit verschwindet. Wenn aber die Zeit wie Raum erscheint, so haben wir es nicht mehr mit unserer üblichen Situation zu tun, in welcher die Zeitrichtung immer innerhalb des 45-Grad-Winkels liegt, die Raumrichtung stets außerhalb.

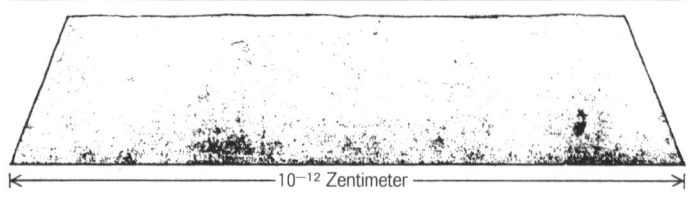

10⁻¹² Zentimeter

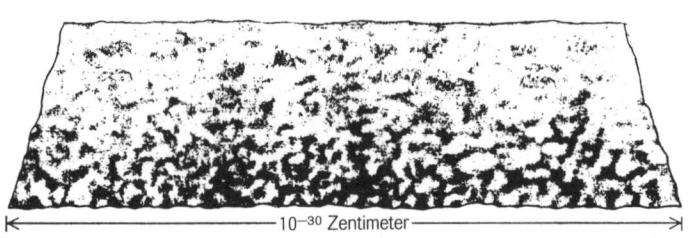

10⁻³⁰ Zentimeter

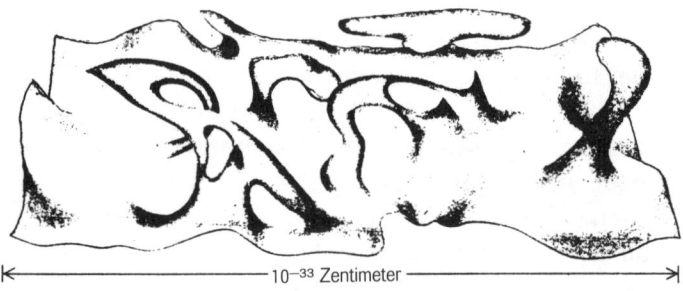

10⁻³³ Zentimeter

Abb. 7.9
Das Quantenvakuum, wie John Wheeler es sich 1957 vorstellte.
Es wird immer chaotischer, je kleiner die Regionen sind, die man
betrachtet. In der Größenordnung des Atomkerns (oben) sieht der
Raum noch sehr glatt und eben aus. Wenn man um einiges näher
herangeht (Mitte), beginnt man, Unebenheiten zu erkennen.
Bei einem Maßstab tausendmal kleiner als der des mittleren Bildes
unterliegt die Krümmung gewaltigen Fluktuationen (unten).

166

Hawking faßt die eben beschriebenen Phänomene so zusammen: »Im sehr frühen Universum, als der Raum sehr
komprimiert war, konnte die Unschärferelation den wesentlichen Unterschied von Raum und Zeit aufheben.« Es
ist also nicht länger wahr, daß, wenn Punkte, die zeitlich
weiter voneinander entfernt sind als räumlich, das Quadrat ihres Abstandes in der vierdimensionalen Raumzeit
(das Quadrat der Hypotenuse unseres Dreiecks) notwendigerweise eine negative Zahl ist. »Unter bestimmten Bedingungen ist es möglich, daß das Quadrat dieses Abstandes positiv wird. Und wenn das der Fall ist, verlieren
Raum und Zeit ihren wesentlichen Unterschied; Zeit wird
völlig raumartig. Es ist dann exakter, nicht mehr von der
Raumzeit zu sprechen, sondern vom vierdimensionalen
Raum.«[4]

Wenn die Zeit raumartig wird

Wie würde das aussehen? Wie können wir die eigenartige
Situation im vierdimensionalen Raum mit dem in Verbindung bringen, was wir über die Raumzeit wissen, in der die
Zeit als Zeit abläuft? Benutzt man die imaginäre Zeit, so
ist es möglich, einen vierdimensionalen Raum zu beschreiben, in dem die Zeit, wie wir sie kennen, nicht existiert,
statt dessen eine gekrümmte, in sich geschlossene Fläche
ohne Ecken und Kanten. Wenn Sie glauben, Sie können
sich diese Erscheinung in vier Dimensionen vorstellen, so
irren Sie sich, oder es ist Ihnen ein evolutionärer Schritt in
der Entwicklung des Gehirns gelungen. Die meisten von
uns sind dazu verdammt, in weniger Dimensionen zu denken. Möglich ist es hingegen, sich etwas mit drei Dimensionen vorzustellen, was keine Ecken und Ränder hat, die

Oberfläche eines Balles zum Beispiel oder die Oberfläche der Erde.

Wir erwähnten bereits, daß das Universum im ersten Friedmann-Modell räumlich endlich war, nicht unendlich. Aber es war auch unbegrenzt. Es hatte keine Grenzen, keine Kanten im Raum. Es war wie die Oberfläche eines Balles: keine Ränder, aber auch keine unendliche Ausdehnung. Hawking glaubt, das Universum könnte räumlich *und zeitlich* sowohl endlich als auch grenzenlos sein. Die Zeit hat dann weder Anfang noch Ende. Alles kehrt wieder zurück und formt eine geschlossene Fläche, ähnlich der Oberfläche der Erde.

Diese Vorstellung macht uns ziemlich hilflos. Wir können uns die Oberfläche der Erde vorstellen, und wir können zustimmen, daß sie endlich und unbegrenzt ist, aber ein Universum, endlich und unbegrenzt in Raum und Zeit? Es ist schwer, vom Bild eines Balles zu irgendeiner sinnvollen Vorstellung vom vierdimensionalen Universum zu kommen. Schon wenn wir es versuchen, fühlen wir uns blind, wie jemand, der versucht, sich in völliger Dunkelheit voranzutasten. Lassen Sie uns versuchen, dennoch ein paar Schritte weiter zu gehen.

Als erstes wollen wir feststellen, wie dieses vierdimensionale Universum *nicht* ist. Es gibt keine »Randbedingungen« im Sinne von »Zustand zu Beginn«, weil es keinen Anfang, keine Grenze gab. Das Ganze ist vielmehr in sich selbst abgeschlossen. Hawking schlägt vor, es so auszudrücken: Randbedingung des Universums ist, daß es keine Ränder gibt. Es gibt keinen Beginn und kein Ende des Universums – nirgendwo. Die Frage »Aber was war davor?« ist ebenso sinnlos wie die Frage »Was ist nördlich vom Nordpol?« Ein Wegweiser am Nordpol mit der Aufschrift »Norden« hat keine Bedeutung. Ein Zeitpfeil, der anzeigt: »Das ist der Weg in die Vergangenheit«, besitzt keine Bedeutung, wenn die Zeitdimension raumartig geworden ist.

Einige Leser mögen sich jetzt fragen: Wenn es schon kein zeitliches Davor oder Danach gibt, könnte es dann irgendein räumliches »Woanders«, irgendeinen anderen Ort außerhalb des Universums geben? Hawkings Modell schließt nicht aus, daß so etwas existiert. Kann es ein Außerhalb geben, wenn es keine Grenzen gibt? Im Falle des Ball-Modells durchaus. Es liegt in jener Richtung, in die unsere Ameise aus dem vierten Kapitel theoretisch von der Oberfläche des Ballons aus blicken könnte – was sie jedoch nicht kann. Diese Dimension existiert für die Ameise einfach nicht, was aber nicht notwendigerweise bedeutet, daß es sie überhaupt nicht gibt. Die Vorstellung von einem »Jenseits« im Raum, aber nicht in der Zeit (kein Davor oder Danach), fügt sich hervorragend in die Idee ein, daß die Zeit, die wir erleben, nur eine vorübergehende Erscheinung dessen darstellt, was in Wirklichkeit eine vierte Dimension des Raumes ist.

Da all das vielleicht zu kompliziert klingt, lassen Sie es uns von einer anderen, eher praktischen Seite sehen. Fragen wir noch einmal: Wie wäre ein räumlich und zeitlich endliches und zugleich unbegrenztes Universum beschaffen? Die Berechnungen sind extrem schwierig, und bisher sind sie nur für sehr einfache Modelle ausgeführt worden. Aber das Bild, das sie uns liefern, scheint dem unseres Universums sehr ähnlich.

Hawking beschreibt es so: »Die Berechnungen sagen voraus, daß das Universum aus einem weitgehend glatten und gleichmäßigen Zustand heraus begann. Es würde dann eine Periode exponentiellen oder ›inflationären‹ Wachstums durchlaufen, in der seine Größe um einen sehr großen Faktor wächst, aber die Dichte ungefähr gleich bleibt.« Physiker, die das frühe Universum untersuchen, glauben, daß unser Universum tatsächlich eine »inflationäre« Periode durchlaufen haben muß. Hawking fährt fort: »Das Universum wäre danach sehr heiß und würde sich anschließend zu jenem Zustand ausdehnen, den wir heute kennen, wobei es sich bei der Expansion abkühlt. Es wäre im großen und ganzen sehr homogen und würde nach jeder Richtung gleich aussehen, aber einige lokale Unregelmäßigkeiten aufweisen, die sich zu Sternen und Galaxien entwickelten.«[5] In der realen Zeit – das ist die, in der wir leben – würde es noch immer so scheinen, als hätten wir Singularitäten am Anfang des Universums und in Schwarzen Löchern.

Stephen Hawking und sein Kollege Jim Hartle von der University of California, Santa Barbara, konfrontierten die physikalische Fachwelt 1983 mit ihrem »Keine-Grenzen-Modell« des Universums. Hawking betont stets, daß es nur ein Vorschlag ist. Er hat die Randbedingungen dieses Modells nicht aus einem anderen Prinzip hergeleitet, und deshalb gefällt es ihm sehr gut. Er vertritt die Auffassung, »daß es wirklich die Wissenschaft unterstützt, denn es besagt nichts anderes, als daß ihre Gesetze überall gültig sind«.[6] Es gibt keine Singularitäten, an denen sie zusammenbrechen. Diese Art des Universums ist in sich abgeschlossen. Haben wir es noch nötig zu erklären, wie es geschaffen wurde? Wurde es überhaupt geschaffen? Hawking schreibt: »Es IST einfach nur.«[7]

»Wo wäre dann noch Raum für einen Schöpfer?«

Das alles wirft einige schwierige philosophische Fragen
auf. Hawking drückt es so aus: »Wenn das Universum
keine Grenzen hat und in sich abgeschlossen ist, . . . dann
hatte Gott keinerlei Einfluß auf seinen Anfang.«[8]
Hawking hat niemals behauptet, der »Keine-Grenzen-Vorschlag« schließe die Existenz Gottes aus, sondern nur, daß
Gott nach dieser Theorie keinen Einfluß auf den Anfang
des Universums hatte. Andere Wissenschaftler stimmen
damit nicht überein. Sie glauben nicht, daß der »Keine-
Grenzen-Vorschlag« Gottes Freiheit sehr einschränke.
Wenn Gott keinen Einfluß hatte, so müssen wir danach
fragen, wer entschieden hat, daß das so ist. Vielleicht, so
meinte der Physiker Karel Kuchar, war das die Wahl, die
Gott traf. Don Page, der »Eine kurze Geschichte der Zeit«
für das englische Magazin *Nature* besprach, bezog einen
ähnlichen Standpunkt. Page lebte Ende der siebziger
Jahre mit den Hawkings noch nach seiner Promotion zusammen. Er ist jetzt Professor an der Universität in Al-
berta, Kanada, und immer noch ein guter Freund von
Stephen Hawking, mit dem zusammen er auch mehrere
wissenschaftliche Arbeiten verfaßt hat. Auf die Frage »Wo
wäre dann noch Raum für einen Schöpfer?« antwortet
Page, daß nach jüdisch-christlicher Auffassung »Gott das
gesamte Universum erzeugt und unterhält und nicht nur
dafür gesorgt hat, daß es beginnt. Die Frage, ob das Universum einen Anfang und ein Ende besitzt, hat keine Rele-
vanz für die Frage nach dem Schöpfer. In etwa kann man
das mit dem Pinselstrich eines Künstlers vergleichen: Ob
der einen Anfang und ein Ende hat oder ein Kreis ohne
Ende ist, hat keine Bedeutung für die Frage, warum er
gezogen wurde.«[9] Ein Gott, außerhalb unseres Univer-

sums und unserer Zeit, würde keinen »Anfang« für die Schöpfung benötigen, aber es könnte von unserem Blickwinkel der »realen« Zeit gesehen so aussehen, als gäbe es einen »Anfang«.

In seinem Buch »Eine kurze Geschichte der Zeit« schlägt Hawking selbst eine mögliche Rolle für einen Schöpfer vor. »Ist die einheitliche Theorie so zwingend, daß sie diese Existenz [des Universums] herbeizitiert?« Wenn nicht: »Wer bläst den Gleichungen den Odem ein und erschafft ihnen ein Universum, das sie beschreiben können?«[10]

Hier scheint uns eine Warnung angebracht: Obwohl Wissenschaftler, die sich mit theoretischer Physik beschäftigen, herausfordernde, eindringliche Fragen stellen und uns mit nahezu unfaßbaren Vorschlägen und Theorien konfrontieren, geben sie niemals endgültige Antworten. Der wissenschaftliche Fortschritt kommt erst dadurch zustande, daß »Antworten« gegeben werden, die anschließend zerpflückt und als fehlerhaft befunden werden. Am kühnsten und einfallsreichsten sind Wissenschaftler, wenn sie ihre »Spielzeugboote« ins Wasser setzen und dann nichts unversucht lassen, um sie zum Sinken zu bringen.

Stephen Hawkings Forschungsweg ist dafür das beste Beispiel. Zuerst zeigt er, daß das Universum aus einer Singularität heraus begann. Dann formuliert er seinen »Keine-Grenzen-Vorschlag«, nach dem es möglicherweise niemals eine Singularität gab. Als nächstes teilt er uns mit, daß Schwarze Löcher niemals kleiner werden, um kurz darauf festzustellen, daß sie doch schrumpfen. Seine Urknall-Singularität schien sich mit der biblischen Vorstellung der Schöpfung gut zu vertragen, sein »Keine-Grenzen-Vorschlag« hingegen nimmt dem Schöpfer seine Aufgabe oder ändert sie zumindest. In »Eine kurze Geschichte der Zeit«

172

meint Hawking, daß wir vielleicht dennoch nicht ohne
Schöpfer auskommen und es der »endgültige Triumph der
menschlichen Vernunft« wäre, »Gottes Plan zu kennen«.[11]
Hawking ist provokativ und unvoreingenommen wie alle
großen Denker. Er zieht klare, fundierte Schlüsse, und im
nächsten Moment stellt er rücksichtslos Fragen und
bringt sein eigenes Gedankengebäude wieder zum Ein-
sturz. Er zögert nicht zuzugeben, daß eine frühere Schlußfolgerung unkorrekt oder unvollständig war. Das ist der
Weg, wie seine Wissenschaft – und vermutlich jede gute
Wissenschaft – sich weiterentwickelt, und gleichzeitig
einer der Gründe, warum Physik so paradox erscheint.
So wie die Bibel oder Shakespeare dienen auch Äußerungen von Hawking mittlerweile dazu, völlig unterschiedliche philosophische Standpunkte zu untermauern. Er
wurde zitiert von Menschen, die an Gott glauben, und von
solchen, die Atheisten sind. Er ist für beide Lager Held
und Schurke. Aber jeder, der seinen Glauben oder Unglau-
ben von seinen Aussagen – oder Aussagen anderer Wissenschaftler – abhängig macht, riskiert, daß ihm jeden
Moment der Boden unter den Füßen weggezogen werden
kann.
Allerdings: Auch wenn es uns erscheinen mag, als hätte
Hawking mit dem »Keine-Grenzen-Vorschlag« seinen
Standpunkt vollkommen revidiert – er selbst sieht das
nicht so. Seiner Ansicht nach ist das wichtigste Element
und Ergebnis seiner Arbeit über Singularitäten, daß ein
Gravitationsfeld so stark werden kann, daß man Quanteneffekte nicht mehr vernachlässigen kann. Und wenn man
die Quanteneffekte nicht mehr vernachlässigt, so stellt
man fest, daß das Universum der imaginären Zeit endlich
sein und keine Grenzen oder Singularitäten haben könnte.

8

»Es geht alles weiter«

1983–1989

In den sechziger Jahren war der praktische Wunsch, eine Arbeitsstelle zu finden und zu heiraten, für Stephen Hawking der letzte Anlaß, Singularitäten zu erforschen. In den achtziger Jahren führte ihn eine andere praktische Notwendigkeit – er mußte die Schulgebühren seiner Tochter Lucy aufbringen – zu einer neuen Unternehmung, die einiges in Hawkings Leben und dem vieler anderer Menschen in der ganzen Welt veränderte.

Im Frühjahr 1982 war Lucy elf Jahre alt und verbrachte ihr letztes Jahr an der Newham Croft School, einer gebührenfreien Schule in der Nachbarschaft der Hawkings. Für ihre weitere Ausbildung schien Jane und Stephen Hawking eine Mädchenschule in Cambridge, die Perse School, am geeignetsten. Lucys Bruder Robert lernte bereits seit seinem siebenten Lebensjahr an der Perse School für Jungen. Stephen Hawking entschloß sich, das Geld für Lucys Schulgebühren durch eine für ihn völlig neue Art und Weise zu verdienen: Er wollte ein Buch schreiben, und zwar ein Buch über das Universum, das sich an Menschen ohne naturwissenschaftliche Vorbildung richtete.

Es gab zu diesem Zeitpunkt natürlich schon andere Bücher über Themen wie das Universum und Schwarze Löcher. Doch nach Hawkings Auffassung behandelte keines von ihnen die wirklich interessanten Fragen eindringlich genug; jene Fragen, die ihn veranlaßt hatten, Kosmologie und Quantentheorie zu studieren: Woher kommt das Universum? Wie und warum hat es begonnen? Wird es enden, und wenn ja, auf welche Weise? Gibt es eine Theorie, die das Universum und alles, was in ihm ist, erklärt? Sind wir im Begriff, diese Theorie zu finden? Ist noch Raum für einen Schöpfergott?

Hawking glaubte, daß diese Fragen eigentlich jedermann angehen, nicht nur Physiker und Mathematiker. Andererseits war die wissenschaftliche Diskussion darüber inzwischen so fachspezifisch und abgehoben, daß sie sich der breiten Öffentlichkeit völlig entzog. Er beschloß deshalb, ein Buch zu schreiben, das für Nichtwissenschaftler wirklich verständlich sein, das heißt praktisch keine Mathematik enthalten würde. Hawkings Verleger warnte ihn, daß jede Gleichung in dem Buch die Verkaufszahlen halbieren würde. Hawking nahm diesen Hinweis ernst und entschied sich, nur eine einzige Gleichung aufzunehmen: Einsteins $E = mc^2$.

Stephen Hawking wünschte sich, daß sein Buch so viele Menschen wie nur möglich erreichen würde – auch weil es für ihn so mühselig werden würde, einen Text dieser Länge zu diktieren. Seine früheren Bücher waren bei Cambridge University Press herausgekommen, einem angesehenen wissenschaftlichen Fachverlag, doch dieses Mal wollte er ein Massenpublikum erreichen. Es sollte nicht in den Regalen der Fachbuchhandlungen stehen, sondern in den Auslagen der Flughafenkioske. Sein amerikanischer Agent machte ihm diesbezüglich keine großen Hoffnungen. Naturwissenschaftler und Studenten, so glaubte er, würden das Buch kaufen, doch den Massenmarkt würde es wohl kaum erobern.

Hawking beendete seinen ersten Entwurf 1984. Nachdem er sich mehrere Angebote von Verlagen angesehen hatte, entschied er sich entgegen dem Rat seines Agenten für den Bantam-Verlag. Bantam mochte zwar vorher niemals ein wissenschaftliches Buch herausgebracht haben, war auf Flughäfen jedoch sehr erfolgreich.

Hawkings Lektor bei Bantam, der selbst keine naturwissenschaftliche Ausbildung hatte, las das Manuskript und kam zu dem Schluß, daß alles, was er selbst nicht verstand, umgeschrieben werden mußte. Er hatte damit an einen Punkt gerührt, den auch Hawkings Studenten und Kollegen bereits gelegentlich beklagt hatten. Aus dem Bedürfnis heraus, sich mit möglichst wenigen Worten auszudrücken, machte Hawking oft große Gedankensprünge und nahm fälschlicherweise an, man würde den Zusammenhang schon erkennen. Oft war das, was er seiner eigenen Ansicht nach klar und einleuchtend dargelegt hatte, einfach nicht nachzuvollziehen. Bantam bemerkte taktvoll, daß es da einen erfahrenen Wissenschaftsautor gebe, der das Buch schreiben könnte, doch Hawking wies diese Idee vehement zurück.

Die Überarbeitung ging sehr schleppend voran. Wenn Hawking dem Lektor ein überarbeitetes Kapitel geschickt hatte, sandte ihm dieser eine lange Liste von Anmerkungen und Fragen zurück. Hawking war darüber zunächst ziemlich verärgert, aber letztendlich mußte er dem Lektor recht geben. »Ohne seine Kritik wäre das Buch bei weitem nicht so gut geworden«,[1] meinte er, als schließlich alles fertig war.

Während er noch an dem Buch arbeitete, mußte Hawking in die Schweiz. Kurz nach seiner Abreise erhielt Jane Hawking die dringende Mitteilung eines Schweizer Krankenhauses, ihr Mann sei an einer gefährlichen Lungenentzündung erkrankt. Als sie zu ihm kam, lag er, bewußtlos und dem Tode nahe, auf der Intensivstation. Stephen Hawking drohte zu ersticken, und die Ärzte überließen seiner Frau die schwierige Entscheidung, ob der Kehlkopf ihres Mannes operativ entfernt werden sollte. Nach Ansicht der Ärzte konnte dieser Eingriff sein Leben retten, aber danach würde er niemals mehr fähig sein, auch nur ein einziges Wort zu sprechen oder sonst irgendeinen Laut von sich zu geben. Das schien ein entsetzlich hoher Preis. Hawking konnte zwar nur sehr langsam sprechen und war schwer zu verstehen, aber er konnte sich auf diese Art doch mitteilen. Mehr noch, aufgrund seiner Lähmung war die Sprache überhaupt die einzige Möglichkeit für ihn, mit anderen zu kommunizieren. Ohne sie würde er weder seine Karriere fortsetzen noch sich auch nur über irgendwelche alltäglichen Dinge unterhalten können. Würde das, was ihm dann noch blieb, noch lebenswert sein? Unter furchtbaren Zweifeln stimmte Jane Hawking der Operation zu; danach versuchte sie ein weiteres Mal, seinen Lebensmut wieder zu wecken.

»Die Zukunft sah sehr, sehr düster aus«, erinnert sie sich. »Wir wußten nicht, wie wir weiterleben sollten – und ob er überhaupt noch lange leben würde. Im Grunde stand ich zu meiner Entscheidung ..., aber manchmal dachte ich doch: ›Was habe ich getan? Welch ein Leben habe ich ihm zugemutet?‹«[2] Hawking konnte nicht mehr durch Mund und Nase atmen, sondern nur noch durch eine kleine Öffnung im Hals, etwa in Höhe des Hemdkragens. Er erholte sich nur langsam. Seine einzige Möglichkeit, sich mitzuteilen, war, zu buchstabieren. Und auch das ging nur sehr langsam und mühsam vor sich, indem er seine Augenbrauen hochzog, wenn jemand auf den richtigen Buchstaben auf einer Tafel zeigte.

Nach vielen Wochen auf der Intensivstation wurde er dann schließlich nach Hause entlassen. Jane Hawking hatte längst entschieden, daß er bei ihr und seinen Kindern leben sollte und nicht in einem Pflegeheim. Bereits seit 1980 waren jeden Morgen und jeden Abend Gemeindeschwestern oder Privatpflegerinnen für ein bis zwei Stunden vorbeigekommen, um Jane Hawking und dem bei den Hawkings wohnenden Doktoranden bei der Versorgung Stephen Hawkings zu helfen. Doch nach seiner Operation war klar, daß Hawking bis ans Ende seines Lebens rund um die Uhr jemanden brauchen würde. Die Kosten für diese Hilfen jedoch überstiegen die finanziellen Möglichkeiten der Hawkings bei weitem. Der National Health Service, das staatliche britische Gesundheitswesen, wäre zwar für die Pflegeheim-Kosten aufgekommen, nicht aber für ein paar wenige Pflegestunden bei den Hawkings zu Hause. »Wir hatten überhaupt keine Aussicht, seine ambulante Betreuung mit eigenen Mitteln finanzieren zu können«,[3] sagt Jane Hawking. Nicht nur Hawkings Karriere als Physiker, sondern auch sein privates Leben in einem eigenen Zuhause schien endgültig vorbei. Es war ein Ende, das sie eigentlich bereits viel früher erwartet hatten, aber es war dadurch nicht weniger bitter.

»Es gab Zeiten, in denen uns alles absolut trostlos erschien, doch dann kam etwas, das uns aus der Krise heraushalf«,[4] faßte Jane Hawking mit ihrem typischen Optimismus in einem Interview diese Periode ihres Lebens zusammen. Auf der Suche nach einem Ausweg wandte sie sich schließlich an einige Adressen in den Vereinigten Staaten. Eine amerikanische Stiftung bot an, fünfzigtausend Pfund pro Jahr für die Bezahlung von Krankenschwestern zur Verfügung zu stellen. Walt Woltosz, ein Informatikexperte aus Kalifornien, schickte ein von ihm entwickeltes

Computerprogramm namens Equalizer, mit dem man Wörter auf einem Bildschirm suchen und markieren kann. Hawking konnte diesen Computer selbst durch die geringen Bewegungen bedienen, zu denen er noch fähig war: durch Druck auf einen Knopf in seiner Hand. Sollte ihm auch das einmal nicht mehr gelingen, kann er den Computer auch mit Kopf- oder Augenbewegungen bedienen.

Während er noch zu krank und zu schwach war, um seine wissenschaftliche Arbeit fortzusetzen, übte Hawking mit dem Computer. Nicht lange, und er konnte zehn Wörter pro Minute produzieren. Das war zwar nicht sehr viel, aber genug, um ihn hinsichtlich einer Fortsetzung seiner Karriere wieder mit Zuversicht zu erfüllen. »Es ging alles ein bißchen langsam«, meinte er später, »aber ich denke auch ziemlich langsam, und so paßte wieder alles.« Inzwischen ist er um einiges schneller. Er schafft jetzt mehr als fünfzehn Wörter in der Minute.

Das Vokabular dieses Programms beinhaltet nicht mehr als zweitausendfünfhundert Wörter, darunter rund zweihundert physikalische und mathematische Fachbegriffe. Auf dem Bildschirm erscheinen zunächst Wortzeilen, von denen eine nach der anderen erhellt wird. Wenn die benötigte Zeile aufleuchtet, drückt Hawking auf den Knopf. Dann leuchten die einzelnen Wörter in dieser Zeile eins nach dem anderen auf, und wenn der gesuchte Begriff erreicht ist, drückt er wieder auf den Knopf. Manchmal reagiert er zu spät, dann startet das Programm erneut. Zusätzlich enthält es einige häufig benötigte Sätze wie »Blättern Sie bitte um« oder »Schalten Sie bitte den Tischcomputer ein« und ein Alphabet, um Worte zu buchstabieren, die im Standardvokabular nicht enthalten sind.

Hawking wählt also ein Wort nach dem anderen aus, um einen Satz zu bilden, der dann im unteren Teil des Bildschirms erscheint. Er kann das Formulierte über einen Sprachsynthesizer in gesprochene Worte umwandeln oder über Telefon weitervermitteln, aber auch auf Disketten speichern und später ausdrucken oder weiter daran arbeiten. Ein spezielles Formatierungsprogramm hilft ihm, seine Arbeiten zu schreiben, und wandelt seine Formeln, die er in Worten eingibt, in Symbole um.

Hawking schreibt alle seine Vorlesungen auf diese Weise und speichert sie auf Diskette. Er kann sie im voraus über den Sprachsynthesizer anhören und gegebenenfalls noch verändern und daran herumfeilen. Während seiner Vorträge schickt er seinen Text Satz für Satz an den Synthesizer ab. Einer seiner Assistenten bedient den Diaprojektor, schreibt wichtige Gleichungen an die Tafel und beantwortet am Schluß einige Fragen.

Stephen Hawkings synthetische Computerstimme kann ihren Tonfall ändern und klingt auch nicht wie ein Roboter, ein für Hawking äußerst wichtiger Aspekt. Er hätte gerne einen britischen Akzent, doch welchen Tonfall eine künstliche Stimme wirklich hat, darüber gibt es unterschiedliche Ansichten. Einige Leute wollen einen amerikanischen oder skandinavischen Akzent heraushören. Für mich klingt er eher ostindisch. Gefühl kann Hawking seiner Stimme allerdings nicht verleihen. Sie klingt gemessen, nachdenklich und unvoreingenommen. Hawkings Sohn Timmy findet, daß die Stimme zu seinem Vater paßt. Timmy kann sich von Hawkings Kindern am wenigsten erinnern, wie sich die Sprache seines Vaters früher anhörte. Als er 1979 geboren wurde, war nur noch wenig davon übrig.

Zuerst lief das Equalizer-Programm nur auf Hawkings Tischcomputer. Später befestigte einer seiner Freunde, David Mason, einen kleinen PC und den Sprachsynthesizer an seinem Rollstuhl, und seither ist Hawkings Stimme bei ihm, wo immer er auch ist.

Bewirkt diese Konstruktion, daß man sich bei einer Unterhaltung mit Hawking vorkommt, als würde man mit einer Maschine sprechen – mit einem Außerirdischen aus einem Science-fiction-Roman? Zunächst mag es tatsächlich ein wenig so sein, doch das ändert sich sehr rasch. Hawking ist vertraut mit der eigenartigen Situation und verliert nie die Geduld, wenn andere nicht gleich damit zurechtkommen. Als er Teile dieses Buches las, während ich die Seiten hielt, war es seine Krankenschwester, nicht er, die mich darauf aufmerksam machte, daß es unnötig sei, immer erst dann umzublättern, wenn er »Bitte blättern Sie um« markiert hatte. Sie riet mir, die nächste Seite aufzuschlagen, sobald er anfing, etwas anzuklicken. Das würde ihm diverse Manöver auf seinem Bildschirm und damit Zeit und Mühe sparen. Zuvor waren bereits über eineinhalb Stunden vergangen, ohne daß er selbst irgendein Zeichen von Ungeduld geäußert hätte. Nachdem Hawking das nächstemal »geklickt« hatte, blätterte ich die Seite sofort um, und er formulierte eine andere Bemerkung, anstatt um das Umblättern zu bitten.

Hawkings Sinn für Humor ist ansteckend und kommt recht häufig zum Vorschein. Wenn ein strahlendes Lächeln sein hageres Gesicht überzieht, mag man kaum glauben, daß dieser Mann viele Probleme haben sollte. Es verrät die Liebe zu seinem Metier und sagt doch gleichzeitig: »Das ist ja alles sehr beeindruckend und bedeutend – aber macht es nicht auch großen Spaß?«

Es ist natürlich schon verblüffend, daß Hawking fähig war, so viel zu erreichen, einschließlich der Tatsache, daß er noch lebt. Doch wenn man diesen intelligenten und humorvollen Menschen kennenlernt, nimmt man seine ungewöhnliche Art der Kommunikation und seine katastrophalen physischen Probleme kaum ernster als er selbst. Und genau das wünscht er sich. Er zieht es vor, die Schwierigkeiten zu ignorieren, »nicht über meinen Zustand nachzudenken oder zu bedauern, daß ich manche Dinge – viele sind es sowieso nicht – nicht tun kann«.[5] Und er erwartet von anderen, daß sie das genauso sehen.

Nach der Operation, als Hawking sich wieder etwas erholt und begonnen hatte, das Computerprogramm zu meistern, nahm er die Arbeit an seinem Buch wieder auf und schrieb fast das ganze Manuskript um. Er fing an, das Positive an seinem neuen Grad der Behinderung zu sehen: »Ich kann mich heute besser verständigen als vor dem Verlust meiner Stimme.«[6] Diese Aussage wird oft als Beleg für seinen außerordentlichen Lebensmut zitiert, doch tatsächlich ist es ganz einfach die Wahrheit. Er brauchte nun nicht mehr mit Hilfe eines »Übersetzers« zu diktieren oder sprechen.

Hawking wußte, daß sein Buch selbst dann, wenn er auf mathematische Gleichungen und Fachjargon verzichtete, für die meisten Menschen nicht leicht zu verstehen sein würde. Er behauptet, er sei selbst nicht übermäßig in Gleichungen vernarrt, obwohl andere Leute seine Fähigkeiten, mit ihnen umzugehen, mit Mozarts Talent vergleichen, ganze Symphonien nur im Kopf entstehen zu lassen. Angeblich fällt es Hawking jedoch nicht leicht, Gleichungen aufzustellen, und laut seiner eigenen Aussage besitzt er auch kein gutes intuitives Gefühl dafür. Hingegen denkt er gern in Bildern, und das schien ihm auch das geeignetste Vorgehen für das Buch zu sein: Er wollte seine geistigen Bilder in Worte fassen und durch Vergleiche mit Vertrautem und einige Diagramme veranschaulichen.

Etwas zu schaffen machte ihm die Frage, wieviel er erklä-

183

ren sollte. Sollte man bestimmte komplizierte Sachverhalte besser weglassen? Würde es die Leser verwirren, wenn er zuviel erklärte? Letztendlich sprach Hawking dann sehr viele Dinge an. Vielleicht dank seines hartnäckigen Lektors machte er es seinen Lesern tatsächlich möglich (wenn auch nicht immer einfach), ihm gedanklich Schritt für Schritt zu folgen, manchmal sogar etwas vorauszuahnen. Dieses Buch sollten Sie keinesfalls nur überfliegen, falls Sie keine wissenschaftliche Vorbildung besitzen. Es ist der Mühe wert und noch dazu sehr unterhaltsam. Hawkings Humor macht »Eine kurze Geschichte der Zeit« auf seine Weise zu einer wilden Jagd durch die Geschichte der Zeit, und man sollte das Buch wohl besser nicht in einer Umgebung lesen, in der lautes Auflachen peinlich sein könnte.

Kurz bevor das Buch herauskam, verließ Hawkings Lektor den Verlag. Die neuen Leute bei Bantam wurden etwas nervös angesichts dieses eigenartigen Fachbuches und ließen nur eine kleine erste Auflage drucken, die dann auch gleich wieder eingestampft werden mußte, weil sie voller Fehler war: Photographien und Diagramme standen an der falschen Stelle und trugen noch dazu falsche Erklärungen. Es war nicht gerade ein erfolgversprechender Start, aber wie bei so vielen von Hawkings Rückschlägen in der Vergangenheit kam auch hier die Wandlung zum Guten. Kurz bevor das Buch tatsächlich veröffentlicht wurde, brachte das renommierte *Time Magazine* einen Artikel über Hawking. Bantam wurde daraufhin etwas optimistischer und ließ eine größere Auflage drucken. Doch niemand rechnete mit dem phänomenalen Erfolg, den das Buch schließlich hatte.

Die Hawkings beobachteten, wie »Eine kurze Geschichte der Zeit« mühelos an die Spitze der Bestsellerliste kletterte. Dort blieb es dann Woche für Woche, Monat um Monat. Bald waren allein in Amerika eine Million Exemplare verkauft. In Großbritannien kam der Verlag mit dem Ausliefern der Bücher kaum mehr nach. Nach kurzer Zeit wurde das Buch auch in andere Sprachen übersetzt. Und es hatte tatsächlich die Flughafenkioske erobert.

Der Name Stephen Hawking war bald in aller Munde, und er wurde zu einem gefeierten Helden in der ganzen Welt. Einige seiner Anhänger in Chicago gründeten sogar einen Fan-Club und stellten Hawking-T-Shirts her. Ein Mitglied erzählte, daß einige seiner Schulfreunde dachten, der Hawking auf seinem T-Shirt wäre ein Rockstar, und daß einige sogar behaupteten, sie besäßen sein letztes Album. Auch die Kritiken, die das Buch bekam, waren hervorragend. Einer verglich es mit dem Buch »Zen und die Kunst, ein Motorrad zu warten«. Jane Hawking war entsetzt, aber Stephen Hawking war sehr geschmeichelt. Schließlich bedeute dies, das Buch gebe »den Leuten das Gefühl, daß sie nicht ausgeschlossen sind von diesen großen intellektuellen und philosophischen Fragen«.[7]

Liest und versteht jeder, der das Buch gekauft hat, auch seinen Inhalt? Hawking sagte, er sei nicht sonderlich besorgt darüber, daß sein Werk in manchen Bücherregalen vielleicht nur zur Zierde stehe. Die Bibel und Shakespeares Werke, so Hawking, teilen dieses Schicksal seit Jahrhunderten. Dennoch glaubt er, daß viele Menschen sein Buch gelesen haben, denn er bekam stapelweise Leserpost, darunter viele Briefe mit Fragen und detaillierten Kommentaren. Nicht selten passiert es Hawking auch, daß ihn wildfremde Leute auf der Straße ansprechen und ihm erzählen, wie gut ihnen das Buch gefallen habe. Ihn selbst freut so etwas sehr, nur Sohn Timmy ärgert sich darüber.

Hawking liebt es, zu reisen. Seine wachsende Popularität und die Notwendigkeit, Publicity für das Buch zu machen, gaben ihm erfreulich viele Gelegenheiten dazu. Und wo immer er auftrat, hielt Hawking seine Gastgeber in Atem. Unter anderem war er beispielsweise im Rockefeller Institute in New York eingeladen. Im Anschluß an einen langen Tag voller Vorträge und öffentlicher Auftritte fand ein Bankett zu seinen Ehren statt. Obwohl er selbst nichts mehr schmecken und riechen kann, genießt Hawking solche Ereignisse, und er macht gern eine Show daraus, das Bukett des Weins zu prüfen und zu kommentieren. Nachdem das Dinner und die Tischreden vorbei waren, ging die Gesellschaft am Ufer des East River ein wenig Luft schnappen. Alle waren wie versteinert, als Hawking in den Fluß zu rollen drohte. Doch zu ihrer Erleichterung blieb er am Ufer, und so brachten sie ihn bald zum Hotel zurück. Dort fand in einem großen Saal, der an die Hotelhalle angrenzte, gerade eine Tanzveranstaltung statt. Hawking bestand darauf, daß er nicht schlafen, sondern auf die Party gehen wolle. Unfähig, ihren dickköpfigen Ehrengast davon abzubringen, stimmte der Rest der distinguierten Gelehrtenrunde widerwillig zu, »obwohl wir das sonst nie tun«. Auf dem Tanzboden wirbelte Hawking in seinem Rollstuhl von einer Partnerin zur anderen. Die Band spielte für ihn weiter bis spät in die Nacht, als die eigentliche Party schon längst vorüber war.

Wird Hawking eine Fortsetzung des Buches schreiben? Er hält das für nicht sehr wahrscheinlich. »Wie sollte ich es nennen? ›Eine etwas längere Geschichte der Zeit?‹, ›Nach dem Ende der Zeit?‹, ›Sohn der Zeit?‹ Oder vielleicht ›Eine kurze Geschichte der Zeit II‹ – aber nur wenn Sie mir garantieren, daß es dann auch wieder in den Buchläden der Flughäfen auftaucht!«[8] Wird er seine Autobiographie schreiben? Nein, nur wenn ihm einmal das Geld ausgeht, um seine Krankenschwestern zu bezahlen, vertraute er mir an. Und das wird vermutlich nicht so bald passieren. *Time Magazine* veröffentlichte im August 1990 Zahlen, wonach bis dahin über acht Millionen Exemplare von »Eine kurze Geschichte der Zeit« verkauft worden waren. Von einigen Seiten wurden Bantam und der Autor beschuldigt, sie würden Hawkings Behinderung bei der Werbung für das Buch ausnutzen. Man warf ihm vor, sein Ruhm und seine Popularität entwickelten sich zu einem karnevalistischen Rummel und er habe ein dramatisierendes, groteskes Bild von sich auf den Einband des Buches bringen lassen. Hawking argumentierte dagegen, er habe keinerlei Einfluß auf die äußere Gestaltung des Buches, bat jedoch seine Verleger, für die britische Ausgabe ein besseres Bild zu verwenden.

Positiv an seiner Medienpräsenz ist zweifellos, daß Hawking dabei vielen etwas vermittelte, was vielleicht noch wertvoller ist als seine wissenschaftlichen Ideen und die Information, daß das Universum möglicherweise nicht »immer weitergeht«. Er brachte Millionen Menschen auf der ganzen Welt nicht nur seine Begeisterung und Freude an seiner Arbeit nahe, sondern auch die wichtige Erkenntnis, daß es eine Gesundheit gibt, die die Grenzen jeder Krankheit überwindet.

Für die Hawkings brachte der Erfolg des Buches mehr als nur eine Änderung der finanziellen Lage. Seit vielen Jahren lebten sie nun mit der Behinderung und mit dem drohenden Tod vor Augen. Jane Hawking beschreibt das so: »In einem gewissen Sinne lebten wir stets am Rande eines tiefen Abgrundes, und erstaunlicherweise kann man am Rande des Abgrundes Wurzeln schlagen. Ich glaube, es ist genau das, was wir getan haben.«[9] Doch plötzlich sahen sie sich einer ganz anderen Bedrohung gegenüber, den Verlockungen und Anforderungen des Ruhms und der erschreckenden Aussicht, die Hauptdarsteller in einem weltweit bekannten Märchen zu werden.

9

»Die Erforschung der Babyuniversen steckt noch in den Kinderschuhen . . .«

Seit 1970 war in Zeitschriften und im Fernsehen über Stephen Hawking berichtet worden. Ende der achtziger Jahre, nach der Veröffentlichung seines Buches »Eine kurze Geschichte der Zeit«, schrieben dann mehr oder weniger alle Magazine in der Welt über ihn. Reporter und Photographen lauerten ihm überall auf. »Ein unerschrockener Physiker weiß, was Gott denkt«, so oder ähnlich tönten die Überschriften. *Newsweek* veröffentlichte eine Titelgeschichte über ihn mit der Überschrift »Master of the Universe« und plazierte sein Photo vor einem dramatischen Hintergrund von Sternen und Nebeln. 1989 traten er und seine Familie in der Show »20/20« des amerikanischen Fernsehsenders ABC auf, und in England gab es eine Fernsehsendung mit dem Titel »Der Meister des Universums: Stephen Hawking«. Hawking war nicht länger nur populär und erfolgreich. Er wurde ein Idol, ein Superstar, wie es Sportasse und Rockmusiker sind. Währenddessen setzten sich auch die akademischen Ehrungen fort: fünf weitere Ehrendoktortitel und sieben zusätzliche internationale Preise.

Jane Hawking empfand ein »Gefühl der Dankbarkeit, daß es uns möglich war, als Familie zusammenzubleiben, daß ich so wunderbare Kinder habe und daß Stephen noch fähig ist, zu Hause zu leben und zu arbeiten«.[1] Zu dieser Zeit studierte Robert Hawking in Cambridge Physik und ruderte für sein College, Corpus Christi. Eine Fernsehreportage zeigte ihn bei einem Ruderwettkampf auf dem Fluß, während der Rest der Familie, einschließlich Stephen Hawking mit seiner synthetischen Stimme, ihn vom Ufer aus anfeuerte. Lucy war achtzehn und dachte an eine Karriere beim Theater. Sie wollte ein Jahr lang aussetzen und dann nach Oxford gehen. Über den zehn Jahre alten Tim sagte Hawking: »Von all meinen Kindern ist er vermutlich derjenige, der mir am ähnlichsten ist«.[2] Er und Tim hatten damals dieselbe Vorliebe für Brettspiele. Hawking gewann gewöhnlich beim Schach, Tim beim Monopoly. »So haben wir beide unsere Stärken«[3], verkündete Tim. Im Jahre 1988 photographierte der amerikanische Photograph Stephen Sames die beiden bei einem improvisierten Versteckspiel. Tim war dabei stets ausgesprochen erfolgreich, denn er konnte am Brummen des Rollstuhls erkennen, wenn sein Vater näher kam.

Lucy erzählte manchmal, daß sie und ihr Vater »ganz gut miteinander auskommen«, obwohl beide ziemlich eigensinnig sind. »Ich hatte allerdings oft Streit mit ihm. Ich muß zugeben, daß keiner von uns freiwillig ein Stück zurücksteckt. Ich glaube, den meisten Menschen ist gar nicht klar, wie unnachgiebig er ist. Wenn er sich einmal eine Idee in den Kopf gesetzt hat, dann verfolgt er sie, ganz egal, welche Konsequenzen das haben könnte. Und er gibt niemals auf. Er tut, was er tun möchte, was es andere auch kosten mag.«[4] Das klingt ziemlich hart, aber wenn man mit Lucy spricht, kommt ganz klar heraus, daß sie ihren Vater sehr gern hat und seine Ansichten respektiert. Sie räumt auch ein, er *müsse* in seiner Situation sehr eigensinnig sein; das sei für ihn eine Überlebensfrage. Seine ungeheure Willenskraft läßt ihn Tag für Tag arbeiten, lächeln und Bonmots ausstreuen und seine furchtbare körperliche Verfassung vergessen. Obwohl er dadurch gelegentlich auch verletzend und egoistisch auftritt, scheint es seiner Tochter nicht schwerzufallen, ihm zu vergeben. Bezüglich seiner Gesundheit und der Angst, er könnte sterben, sagt Lucy: »Ich denke immer, es wird ihm schon gutgehen. Bisher hat er schließlich auch alle Schwierigkeiten gemeistert. Aber natürlich macht man sich immer Sorgen, wenn jemand in einem so schlechten körperlichen Zustand ist. Ich werde doch unruhig, wenn er längere Zeit weg ist.«[5]

In Fachkreisen genoß Hawking weiterhin großen Respekt, aber seine Kollegen waren doch etwas verwirrt angesichts des Medienrummels. Außerdem bedurfte es keiner höheren Mathematik, um auszurechnen, daß er mit dem millionenfachen Verkauf seiner Bücher einiges mehr verdient hatte als Lucys Schulgeld. So gab es gelegentlich ein etwas neidisches Gemurmel mit dem Tenor: »Seine Arbeit unterscheidet sich auch nicht so sehr von der vieler anderer Physiker, es ist nur seine Behinderung, die ihn interessant macht.« Aber insgesamt gab es erstaunlich selten solche Reaktionen. Hawking kann mehr, als sich darzustellen, und das wissen alle. Doch er genießt bei seinen Kollegen nicht nur große Achtung, er ist auch sehr beliebt. Sidney Coleman in Harvard beispielsweise, der Hawking nicht nur als Physiker Konkurrenz macht, sondern auch was humorvolle Selbstdarstellung betrifft, ist sehr erfreut, daß Hawkings Ehrungen ihn immer öfter nach Amerika und gelegentlich nach New England bringen. Und auch andere Physiker, die manchmal ziemlich in den Hintergrund gedrängt werden, nehmen ihm das persönlich nicht übel. Andererseits ist es sicherlich nicht ganz falsch, daß Hawkings wissenschaftlichen Fähigkeiten allein ihm nicht all diese Ehren und Bestsellererfolge gebracht hätten. Obgleich Hawking das sicher nicht so gerne hört: Der Großteil der Welt schätzt ihn vermutlich mehr wegen seiner Lebenseinstellung als wegen seiner wissenschaftlichen Erfolge. Er ist nicht der einzige, der niederschmetternde Umstände überwunden hat und auch in Notlagen eine positive Einstellung behielt, aber wer hat das schon mit so überwältigendem Erfolg und in so beeindruckender Art und Weise gemacht wie er?

Über ein Vierteljahrhundert hat sich Stephen Hawking – vielleicht mit Abstrichen, von denen wir nie erfahren werden – Optimismus und Willenskraft bewahrt. Sein Überleben und sein Erfolg hingen davon ab. Ende der achtziger Jahre trug er nicht mehr nur Verantwortung für sich und seine Familie, sondern für Millionen, denen er Ansporn und Vorbild war. Viele, nicht nur Behinderte, erwarten von ihm, daß er weiterhin beweist, daß das Leben trotz schlimmster Schicksalsschläge wunderschön sein kann. Hawking selbst ist nicht gerade begeistert angesichts dieser neuen Bürde. Er sieht sich nach wie vor als ganz normalen Menschen und möchte dies auch für andere sein.

Für behinderte Menschen ist Hawking an sich ein ermutigendes Beispiel, aber der Unterschied zwischen dem, was er erreicht hat, und dem, was die meisten erwarten können, kann auch einen gegenteiligen Effekt haben. Mit Ausnahme seiner Krankheit hatte Hawking außerordentlich viel Glück. Nur wenige Behinderte haben einen Menschen wie Jane Hawking. Und nur wenige verfügen über Hawkings Willenskraft und Selbstdisziplin, geschweige denn seine herausragende Intelligenz.

Auch Jane Hawking pflegt zu betonen, daß sie niemals eine Stiftung gefunden hätte, die fünfzigtausend Pfund pro Jahr für Krankenschwestern bezahlt, wenn ihr Mann ein unbekannter Physiklehrer gewesen wäre. Er hätte dann auch keinen Sprachcomputer. Er würde Tag für Tag in einem Pflegeheim sitzen, weg von zu Hause und seiner Familie, stumm, isoliert, nutzlos. Ihre Verbitterung über das Versagen des National Health Service ließ sie eine Initiative ins Leben rufen, die dafür kämpft, daß der Staat Geld für die ambulante Betreuung zur Verfügung stellt, anstatt Behinderte aus ihrer familiären Umgebung herauszureißen. Hawkings Beispiel hat auch die Universitäten ermutigt, Unterkünfte für Studenten bereitzustellen, die rund um die Uhr Betreuung brauchen, und ihnen dadurch ein Studium erst zu ermöglichen.

Stephen Hawking jedenfalls hatte es 1989 »geschafft«, trotz der vielen beträchtlichen Schwierigkeiten. Die Königin ernannte ihn zum »Companion of Honor«, eine der höchsten Auszeichnungen, die sie vergeben kann. Die Universität Cambridge verlieh ihm – eine große Ausnahme bei Mitgliedern der eigenen Fakultät – die Ehrendoktorwürde. Hawking nahm seinen Titel aus der Hand von Prinz Philip, dem Rektor der Universität, entgegen; es schloß sich ein feierlicher Umzug an, der von den Chören des King's College und des St. John's College und der Blaskapelle der Cambridger Universität musikalisch gestaltet wurde. »Dieses Jahr war die Krönung aller Erfolge Stephens«, sagte Jane Hawking damals. »Ich glaube, er ist sehr glücklich darüber.«[6] Auch er selbst äußerte sich sehr zufrieden. »Ich habe eine wundervolle Familie, ich habe viel Erfolg bei meiner Arbeit, und ich habe einen Bestseller geschrieben. Mehr kann man wirklich nicht verlangen«[7], meinte er. Er war zu Ruhm und Ehren gelangt, und er freute sich darüber. Für jene, die, als er einundzwanzig Jahre alt war, geglaubt haben mochten, sein Leben habe allen Sinn verloren, war das eine erstaunliche, wunderbare Wendung des Schicksals.

Wenn sein Erfolg auch eine dunkle Seite hatte, fiel diese nicht allzuschwer ins Gewicht. Natürlich hatte er nun weniger Zeit für die Wissenschaft. Zu viele »externe Veranstaltungen«, klagten seine Studenten, »zu viele Besucher«. Doch Hawking freute sich über das Interesse und schickte nur selten jemanden fort. »Zu viele Einladungen«, meinten andere, aber er schien unfähig, sie abzulehnen. Er liebt es, zu reisen, und tat es auch immer häufiger.

Als Hawking immer mehr unter Zeitdruck geriet, fürchteten seine Kollegen schon, er würde seine wissenschaftliche Arbeit vernachlässigen. Doch Hawking schritt auch hier voran. Während er um den ganzen Globus fliegt, um Ehrungen entgegenzunehmen, legt er in seinem Kopf Entfernungen zurück, neben denen seine tatsächlichen Reisen verblassen. John Wheeler hatte Jahre zuvor (1956) die Idee der »Quantenwurmlöcher« entwickelt. Hawking ging nun auf eine neue, abenteuerliche Reise – durch diese Wurmlöcher hindurch in noch exotischere Gefilde: die »Babyuniversen«. Lassen Sie uns, mit Hawking, einen Standpunkt außerhalb von Raum und Zeit einnehmen und verschiedene Dinge von außen betrachten.

Eine neue Sicht des kosmischen Ballons

Stellen Sie sich einen großen Ballon vor, der aufgeblasen wird. Der Ballon möge unser Universum darstellen, und Punkte auf seiner Oberfläche symbolisieren Sterne und Galaxien. Die Punkte verursachen einige Dellen und Fältchen auf der Oberfläche. Nach Einstein verursacht die

194

Anwesenheit von Materie und/oder Energie eine Krümmung der Raumzeit.

Wenn wir durch ein nicht allzu gutes Mikroskop auf die
Oberfläche des kosmischen Ballons schauen, sieht er trotz
der Unregelmäßigkeiten eben aus. Blicken wir durch ein
viel leistungsfähigeres Instrument, stellen wir hingegen
fest, daß die Oberfläche scheinbar vibriert, verschwimmt
und sich kräuselt (Abb. 7.9).

Wir sind so einer Kräuselung bereits begegnet. Im zweiten
Kapitel und danach wurde dargelegt, daß die Unschärferelation auf Quantenniveau das Universum zu einer ziemlich
verschwommenen Angelegenheit macht. Bekanntlich ist
es niemals möglich, Position und Geschwindigkeit eines
Teilchens zur gleichen Zeit präzise zu messen. Vorstellen
kann man sich diese Quantenunschärfe auch so, daß die
Teilchen durch eine zufällige Vibration des Mikroskops in
Bewegung versetzt würden. Je näher wir hinsehen, desto
deutlicher erkennen wir dieses Hinundhertanzen. So genau wir auf Quantenniveau ein Teilchen auch unter die
Lupe nehmen, wir sind bestenfalls in der Lage zu sagen,
daß es *diese* Wahrscheinlichkeit hat, *hier* zu sein, und *jene*
Wahrscheinlichkeit hat, daß es sich *so und so* bewegt.

Mit der Oberfläche des kosmischen Ballons ist es ganz
ähnlich. Bei sehr starker Vergrößerung wird die Quantenfluktuation so furchtbar chaotisch, daß wir sagen können,
es gibt eine gewisse Wahrscheinlichkeit für *alle Möglichkeiten.*

Was meint Stephen Hawking, wenn er von »allen Möglichkeiten« spricht? Er meint, es gibt eine Wahrscheinlichkeit,
daß der kosmische Ballon eine kleine Ausbuchtung bekommt. Auch normale Luftballons haben solche Unregelmäßigkeiten, wenn die Oberfläche an irgendeiner Stelle
dünner ist. Gewöhnlich platzen die Luftballons sehr

schnell, wenn das der Fall ist, aber manchmal bildet sich ein neuer Miniballon an der Oberfläche heraus. Wenn Sie dieses Ereignis an unserem kosmischen Ballon sehen könnten, wären Sie Zeuge der Geburt eines »Babyuniversums«.

Das klingt sehr spektakulär: die Geburt eines Universums! Werden wir jemals einem solchen Prozeß beiwohnen können? Nein, denn so etwas geschieht in der imaginären Zeit, die nicht die »reale« Zeit ist (siehe Kapitel 7). Hawking nennt noch einen zweiten Grund, warum wir dies nie sehen werden. Ein solches Universum ist nämlich unvorstellbar winzig. Die wahrscheinlichste Größe für die Verbindung zwischen unserem Universum und dem neuen Baby – die Nabelschnur, wenn Sie so wollen – ist nur etwa 10^{-33} Zentimeter dick. Um diesen Bruch zu schreiben, brauchen Sie eine Eins als Zähler und im Nenner eine Eins gefolgt von dreiunddreißig Nullen! Die Öffnung – das *Wurmloch*, wie es genannt wird – ist ein kleines Schwarzes Loch, das plötzlich entsteht und nach einem unvorstellbar kurzen Augenblick wieder verschwindet. Wir haben schon von etwas anderem mit einer extrem kurzen Lebensdauer gesprochen: in Kapitel 5, als wir die Hawking-Strahlung beschrieben. Da haben Sie gelernt, daß Sie sich die Fluktuation in einem Energiefeld als Paare sehr kurzlebiger Teilchen vorstellen können. In ähnlicher Weise sind Wurmlöcher ein Bild für die Fluktuation in der Textur der Raumzeit: der Oberfläche des kosmischen Ballons.

Die Verbindung des Babyuniversums mit seiner Nabelschnur muß nicht kurzlebig sein, und was klein beginnt, muß nicht klein bleiben. Tatsächlich kann das neue Universum expandieren und sich wie unser gegenwärtiges Universum über Millionen von Lichtjahren ausdehnen.

Wie unser Universum, aber leer? Keineswegs! »Materie«, meint Hawking, »kann mit Hilfe von Gravitationsenergie in beliebiger Menge im Universum erzeugt werden.«[8] Das Ergebnis können Galaxien, Sterne, Planeten sein – und vielleicht Leben.

Sind aus unserem Universum schon viele Babys entstanden und groß geworden? Zweigen sie sich überall ab? Genau hier, in Ihrem Zimmer? In Ihrem Körper? Ja, es könnte sein, daß ständig neue Universen geboren werden, überall um uns herum, selbst in uns, doch nicht wahrnehmbar für unsere Sinne.

Vielleicht fragen Sie sich jetzt auch, ob unser Universum als eine Ausbeulung eines anderen begonnen hat. Hawking hält dies durchaus für möglich. Unser Universum kann Teil eines unendlichen Labyrinths sein, das sich verzweigt und wieder zusammenwächst wie eine gewaltige Bienenwabe; ein Labyrinth, das nicht nur Babys in sich birgt, sondern auch ausgewachsene Universen. Zwei Universen können durch mehr als ein Wurmloch verbunden sein. Wurmlöcher können Teile unseres eigenen Universums mit anderen verbinden oder mit anderen Zeiten (siehe Abb. 9.1).

Das Leben im Quantensieb

Versuchen wir, die Grenzen unserer Vorstellungskraft noch ein wenig weiter hinauszuschieben und die ganze Sache aus der Sicht eines Elektrons zu betrachten. Wenn es Quadrillionen von Wurmlöchern gibt, deren Existenz an jedem Punkt des Universums aufflackert und vergeht, dann sieht sich das Elektron einem riesigen, wild kochenden Topf voll Hafergrütze gegenüber. Darüberlaufen ist

197

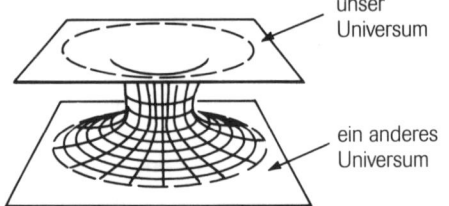

unser
Universum

ein anderes
Universum

Ein Wurmloch, das von
unserem Universum in
ein anderes führt

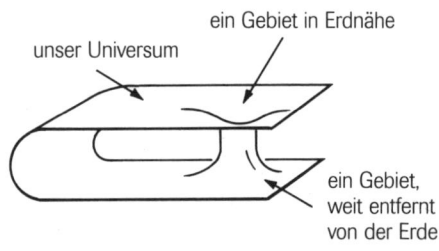

Ein Wurmloch, das
einen Teil unseres
Universums mit einem
anderen Teil verbindet

unser Universum

ein Gebiet in Erdnähe

ein Gebiet,
weit entfernt
von der Erde

Teil eines Labyrinthes
von miteinander
verbundenen
Universen

Abb. 9.1
Wurmlöcher und Babyuniversen

schwierig, so als würde es ein großmaschiges Sieb über-
queren, das sich ständig verändert. Ein Elektron, das sich
in dieser Umgebung auf einer geraden Linie bewegt, wird
sicher in ein Wurmloch fallen und in einem anderen Universum landen. Da scheint irgend etwas nicht zu stimmen,
denn mit dem Elektron würde Materie aus unserem Universum verschwinden, was nicht erlaubt ist. Und es geschieht auch nicht. Auf dem umgekehrten Weg kommt ein
identisches Elektron zurück und taucht in unserem Universum auf.

Würden wir diesen Austausch von Elektronen bemerken?
Nein, nicht direkt. Was wir sehen würden, wäre ein Elektron, das sich auf einer geraden Linie vorwärts bewegt. Das
Vorhandensein von Wurmlöchern würde jedoch bewirken,
daß sich alle Elektronen so bewegen, als wäre ihre Masse
größer als unter der Voraussetzung, daß es keine Wurmlöcher gäbe. Bevor wir Teilchenmassen voraussagen, gleichgültig, mit welcher Theorie, sollten wir deshalb wissen, ob
es so etwas wie Wurmlöcher gibt.

Wenn ein Elektron, von einem Photon begleitet, in einem
Wurmloch verschwindet, muß das nicht groß auffallen. Es
würde aussehen wie der normale Austausch eines Boten-
teilchens im Rahmen einer elektromagnetischen Wechselwirkung, bei der ein Elektron ein Photon abgibt und ein
anderes dieses absorbiert. Hawking glaubt, daß man vielleicht alle Teilchenmassen und Wechselwirkungen zwischen ihnen – die unaufhörliche Aktivität aller vier Kräfte
im ganzen Universum – als Hineinfallen und Herauskom-
men aus Wurmlöchern erklären kann.

Sie fragen sich jetzt vielleicht, wie denn Teilchen durch
Wurmlöcher hindurchkommen können. Wurmlöcher sind
bedeutend kleiner als die Teilchen, die wir kennen. Aber es
ist wie bei der Hawking-Strahlung: Was wir uns eigentlich

gar nicht vorstellen können, macht die Quantenmechanik möglich.

Als Hawking den Einfluß der Wurmlöcher auf Teilchenmassen wie Elektronen berechnete, ließ seine Rechnung zunächst vermuten, daß die Massen bedeutend größer sind, als die Beobachtungen ergaben. Inzwischen sind Hawking und andere Wissenschaftler zu etwas angemesseneren Ergebnissen gelangt. Dennoch hat Hawking gegenwärtig Zweifel, ob man mit Hilfe der Wurmlöchertheorie die Teilchenmassen in unserem Universum oder zumindest in einem Teil davon voraussagen kann. Wie Sie im zweiten Kapitel erfahren haben, ist etwas, was genau gemessen werden muß und nicht von der Theorie vorausgesagt wird, ein beliebiges Element. Die Massen der Teilchen sowie die Stärke der Kräfte sind in den meisten bisher entwickelten Theorien beliebige Elemente.

Die Wurmlochtheorie macht diese Dinge vermutlich nicht weniger beliebig, kann aber vielleicht erklären, warum sie beliebig sind. Hawking glaubt, die Massen der Teilchen und andere grundlegende Naturkonstanten könnten Quantenvariablen sein. Das bedeutet, sie könnten unbestimmt sein wie der Weg eines Teilchens oder das, was auf der Fläche des kosmischen Ballons geschieht. Die Konstanten würden sich zufällig in dem Moment ergeben, in dem das Universum entsteht. Ein einziger Wurf des Schicksals sozusagen, und schon hat sich entschieden, wie sie für das bestimmte Universum aussehen. Es gäbe dann keine Theorie, die erklärt, warum die Würfel so gefallen sind, und wohl auch keine Möglichkeit vorauszusagen, daß dies oder jenes wahrscheinlicher ist als anderes. So könnte der Spruch der Wurmlochtheorie lauten. Die Jury tagt noch.

»Es ist ein großes Rätsel, warum die Quantenfluktuation die Raumzeit nicht zu einem kleinen Ball aufwickelt«[9], sagt Hawking. Sie werden sich erinnern, daß diese Frage zu den Rätseln gehört, welche die Theoretiker auf der Suche nach der vollständigen einheitlichen Theorie lösen müssen.

Physiker bezeichnen dieses Problem der Energie im (vermeintlichen) Vakuum als das Problem der kosmologischen Konstanten. Sie erinnern sich, daß Einstein einmal eine kosmologische Konstante einführte, die die Gravitation ausgleichen und das Universum davor bewahren sollte, zu wachsen oder zu schrumpfen; jene Konstante, die er später »den größten Bock meines Lebens« nannte. Der Begriff *kosmologische Konstante*, wie ihn die Wissenschaftler heute verwenden, ist eine Zahl, die Auskunft darüber gibt, wie dicht die Energie im Vakuum gepackt ist: die Energiedichte des Vakuums. Normalerweise sollte man denken, daß es dort überhaupt keine Energie gibt, aber wie bereits ausführlich dargelegt, ergibt sich aus der Unschärferelation, daß der »leere« Raum nicht leer ist. Er brodelt vor Energie. Die kosmologische Konstante (die Energiedichte des Vakuums) muß eigentlich gewaltig sein, und die Allgemeine Relativitätstheorie impliziert, daß diese Masse/Energie das Universum krümmt.

Aber unabhängig davon, was die Unschärferelation und die allgemeine Relativitätstheorie nahelegen, wir haben kein solches Universum. Ganz im Gegenteil – der Betrag (die Zahl) der kosmologischen Konstante ist laut Messungen nahezu Null. Wir können das aus der Geschwindigkeit, mit der die Galaxien voneinander wegstreben, ableiten, aber auch von unserer eigenen Existenz. »Eine große kosmologische Konstante, ob positiv oder negativ, würde jede Entwicklung von Leben im Universum unmöglich machen«[10], stellt Hawking fest. Der Wert der kosmologischen Konstante ist ein Beispiel für jene »Feinabstimmung«, die im sechsten Kapitel angesprochen wurde.

Wie paßt unsere Beobachtung, daß die kosmologische Konstante möglicherweise Null ist, zu der Aussage der Theorie, sie sei gewaltig? Erinnern Sie sich noch mal an die Teilchenpaare, die Ihnen in Kapitel 5 im Zusammenhang mit der Hawking-Strahlung begegnet sind. Die Theorie der Supergravitation, die Theorie, über die Hawking in seiner Inauguralvorlesung sprach, sagt uns, daß die Fermionenpaare (Materieteilchen) im Vakuum eine negative Energie besitzen und so die positive Energie der Bosonenpaare (Botenteilchen) ausgleichen. Das könnte in der Tat die Erklärung sein, oder zumindest ein Teil davon; aber es bleibt kompliziert. Zum einen ist die Gravitation nicht die einzige Wechselwirkung zwischen den Teilchen. Und selbst wenn wir viele positive und negative Teilchen hätten, die einander aufheben, wäre es sehr unwahrscheinlich, daß unterm Strich genau Null herauskommt. Sidney Coleman, der Hawkings Enthusiasmus für Wurmlöcher teilt, drückte es so aus: »Null ist eine verdächtige Zahl. Stellen Sie sich vor, Sie würden über zehn Jahre hinweg viel Millionen ausgeben, ohne auf Ihren Geldbeutel zu achten. Doch wenn Sie dann Ihre Buchhaltung machen, stellen Sie fest, daß Sie auf den Pfennig genausoviel ausgegeben wie eingenommen haben.«[11] Für die kosmologische Konstante ist es ebenso unwahrscheinlich, daß sie genau Null ist.

Können Wurmlöcher das Rätsel lösen? Hawking glaubt, daß Wurmlöcher von jedem Punkt im Universum abgehen und die kosmologische Konstante (die Energiedichte des

202

Vakuums) zu einer »Quantenvariablen« machen, genau wie die Masse der Teilchen. Sie kann *jeden* Wert haben. Wie hoch ist dann die Wahrscheinlichkeit, daß sie annähernd Null ist?

Stellen Sie sich die Geburt eines Babyuniversums vor, das von einem existierenden Universum abzweigt. Die Wurmlochtheorie sagt, daß es eine Menge von Universen gibt – einige gewaltiger als unser heutiges, andere unvorstellbar viel kleiner als ein Atom und alle Größen dazwischen. Das neugeborene Universum bekommt den Wert seiner kosmologischen Konstanten über ein Wurmloch von einem anderen Universum, es »erbt« ihn sozusagen. Für ein menschliches Kleinkind ist es zunächst nicht von Bedeutung, ob es musikalisches Talent geerbt hat, das macht sich erst dann bemerkbar, wenn das Kind größer wird. Ähnlich ist es auch nicht wichtig für ein Babyuniversum, ob es eine kosmologische Konstante nahe dem Wert Null geerbt hat. Der Wert seiner kosmologischen Konstante läßt sich vielleicht noch gar nicht feststellen, bevor es etwas größer geworden ist. Doch die Wahrscheinlichkeit, daß das Baby den Wert der kosmologischen Konstanten durch Wurmlöcher erbt, die es mit größeren, kälteren Universen verbinden, ist relativ groß. Und das wiederum heißt von Universen, in denen Positives und Negatives sich aufheben. Coleman untersuchte, wie hoch die Wahrscheinlichkeit (nach der Wurmlochtheorie) ist, daß die kosmologische Konstante in einem Universum annähernd Null annimmt, so wie in unserem Universum. Er kam zu dem Ergebnis, daß *jedes* andere Universum hochgradig unwahrscheinlich ist.

Wurmlöcher und Babyuniversen erhitzen die Gemüter vieler Physiker. Sie haben begonnen, dieses und jenes zu diskutieren und Alternativen zu entwickeln. Das ist immer ein gutes Zeichen. »Die Erforschung der Baby-universen steckt noch in den Kinderschuhen«, bemerkt Hawking treffend, »aber sie macht rasche Fortschritte.«[12] Sind die Wurmlöcher und Babyuniversen hilfreich bei der Suche nach der vollständigen Theorie des Universums?

Nun, diese Theorie hat zunächst einen neuen Weg gewiesen, wie man das Problem der kosmologischen Konstante betrachten kann; beziehungsweise sie hat jene verzwickte Frage aufgegriffen, warum die Energiedichte des Vakuums das Weltall entgegen der Forderung nicht schrumpfen läßt. Glaubt Hawking, die Wurmlöcher würden die Theorie liefern, die jene Unvereinbarkeit zwischen Allgemeiner Relativitätstheorie und Quantenmechanik überwindet? »Ich würde nicht so weit gehen«, sagt Hawking. »Es gibt da keine grundlegenden Widersprüche, aber es gibt technische Probleme, bei denen Wurmlöcher auch nicht weiterhelfen.«[13]

Zum anderen bricht die Wurmlochtheorie nicht zusammen, wenn man sich mit dem »Anfang« beschäftigt. Wenn man Einsteins Theorie bis zum Urknall zurückverfolgt, gelangt man an eine Singularität, in der die physikalischen Gesetze, wie wir sie kennen, zusammenbrechen. Hawkings »Keine-Grenzen-Vorschlag« zeigte, daß es in der imaginären Zeit keine Singularität gäbe. Und die Wurmlochtheorie besagt, daß unser Universum in imaginärer Zeit als Babyuniversum begann, das sich von einem anderen Universum abzweigte.

Drittens verbindet die Wurmlochtheorie die Quantentheorie und die Allgemeine Relativitätstheorie in einer befriedigenden bildlichen Betrachtungsweise. Sie erlaubt es uns, Quantenfluktuation, Quantenwurmlöcher und Babyuniversen als nicht zu weit entfernt zu sehen von Raumkrümmungen und Schwarzen Löchern in astronomischen Maßstäben. Sie sagt uns, daß die fundamentalen Konstanten des Universums, wie die Masse, die Ladungen und Teilchen, und die kosmologische Konstante, ein Ergebnis sein könnten der Form, der Geometrie eines Labyrinthes miteinander verbundener Universen.

Andere Theorien können nichts über die Massen und Ladungen der Teilchen vorhersagen, solche Dinge sind beliebige Elemente in diesen Theorien. Ein Außerirdischer, der unser Universum nie gesehen hat, könnte die fundamentalen Konstanten nicht anhand dieser Theorien berechnen, ohne das reale Universum zu untersuchen. Es gibt deshalb eine heftige und interessante Diskussion darüber, ob uns Wurmlöcher einen Weg weisen, diese Konstanten zu verstehen und zu bestimmen.

Theoretiker, die an der Weiterentwicklung der Superstringtheorie arbeiten, nehmen an, daß die kleinsten Teilchen im Universum keineswegs punktförmige Objekte sind, sondern kleine, vibrierende Flächen. Sie sind recht hoffnungsvoll, daß ihre Theorie fähig sein wird, Teilchenmassen und Ladungen vorauszusagen. Hawking ist da pessimistisch: »Wenn das Bild von den Babyuniversen korrekt ist, so ist unsere Fähigkeit, diese Größen vorherzusagen, eingeschränkt.«[14] Wenn wir wüßten, wie viele Universen es außerhalb des unseren gibt, und auch noch ihre jeweilige Größe kennen würden, wäre es anders. Aber das ist nicht der Fall. Wir können nicht einmal feststellen, ob sie eine Verbindung zu unserem Universum haben oder gar von ihm abstammen. Wir können uns kein genaues Bild von alldem machen. Wir wissen nur, falls sich Universen verbinden oder verzweigen, dann ändert das die Werte solcher Größen wie Teilchenmasse und Ladung. Wir müssen also mit einer kleinen, aber nicht unüberwindbaren Unsicherheit in unseren Voraussagen über diese Werte leben.

Hawking macht sich nicht allzu viele Gedanken darüber, ob seine Arbeit ihn zu der vollständigen einheitlichen Theorie führen wird. Er konzentriert sich auf Gebiete, von denen er etwas versteht, und kümmert sich nicht viel um die Frage, was passiert, wenn nun Relativitätstheorie und Quantentheorie zusammengeführt sind. Er ist zuversichtlich, daß das, was er auf seine Weise über das Weltall herausfindet, wahr ist, ungeachtet dessen, wie die vollständige einheitliche Theorie schließlich konkret aussehen wird und wer sie herausfindet. Er möchte, daß sich das von ihm entwickelte Bild nahtlos in ein größeres, grundlegenderes einfügt.

»Denken Sie imaginär«

Science-fiction-Freunde wären sicher enttäuscht, wenn wir hier nicht auch die Möglichkeit diskutieren würden, daß etwas, das größer ist als ein Teilchen, durch ein Wurmloch in ein anderes Universum oder in ein anderes Gebiet unseres Universums fliegen könnte. Es wurde schon viel spekuliert über die Möglichkeit von Wurmlöchern in Schwarzen Löchern. Existieren sie? Ist, zumindest theoretisch, eine solche Reise möglich? Das Problem ist, daß so ein Wurmloch, groß genug, damit Sie und ich hindurchschlüpfen können, bedenklich instabil wäre. Selbst eine so kleine Störung wie unsere Anwesenheit würde das Wurmloch, und damit auch uns, zerstören.

Wie wäre es bei einem kleinen Schwarzen Loch? Im fünften Kapitel lernten wir frühe Schwarze Löcher kennen. Wenn sie vergehen, was geschieht mit den Dingen, die früher hineingefallen sind? Die Wurmlochtheorie legt es nahe, daß sie nicht notwendig als Teilchen in unser Universum zurückkehren müssen. Die Teilchen könnten statt dessen in ein Babyuniversum schlüpfen. Dieses Babyuniversum wiederum könnte mit einem anderen Gebiet unserer Raumzeit verbunden sein. Dort könnte ein anderes Schwarzes Loch sein, das sich formt und vergeht. Dinge, die in ein Schwarzes Loch fallen, könnten als Teilchen aus einem anderen Schwarzen Loch kommen und umgekehrt. So eine Reise durch das Weltall wäre also möglich – vorausgesetzt, man ist Teilchen.

Es gibt aber noch ein zweites Hindernis. All das geschieht in imaginärer Zeit, jener Zeit also, die wir im siebten Kapitel betrachtet haben, in dem die Zeit zu einer Art vierter Raumdimension wurde. Hawking beschreibt es so:

»In der realen Zeit würde ein Astronaut, der in ein Schwarzes Loch fällt, ein böses Ende nehmen. Er würde von der unterschiedlichen Gravitation an seinen Füßen und an seinem Kopf auseinandergerissen. Nicht einmal die Teilchen, die einst seinen Körper bildeten, würden überleben. Ihre Geschichte, in realer Zeit, würde in einer Singularität enden. Die Geschichte der Teilchen in imaginärer Zeit würde jedoch weitergehen. Sie würden in ein Babyuniversum gelangen, und sie würden, emittiert von einem anderen Schwarzen Loch, wieder erscheinen. In anderen Worten, der Astronaut würde in ein anderes Gebiet der Raumzeit transportiert. Die Teilchen, die dort neu auftauchen würden,

wären ihm allerdings nicht mehr sehr ähnlich. Es wäre nicht sehr tröstlich für ihn zu wissen, daß seine Teilchen in imaginärer Zeit überleben, wenn er in die Singularität in realer Zeit fällt. Jemandem, der in ein Schwarzes Loch fällt, kann man nur eines raten: Denken Sie imaginär!«[15]

10

»Ist das Ende
der theoretischen Physik in Sicht?«

Stephen Hawkings Arbeitszimmer im Department of Applied Mathematics and Theoretical Physics in Cambridge sieht nicht besonders eindrucksvoll aus. Das Gebäude ist groß und alt, aber nicht schön. Der Eingang liegt an der Silver Street, einen Block vom Queen's College und der Silver Street Bridge über die Cam entfernt. Man kommt dorthin, indem man durch eine nicht besonders einladende Gasse geht, einen asphaltierten Parkplatz überquert und durch eine rote Tür hindurchgeht. Hawking gelangt durch eine Hintertür über seine Rampe in das Gebäude.

Die Innenarchitektur ist ziemlich langweilig, der Grundriß erscheint zusammengestückelt und unlogisch. Der Korridor hinter dem kleinen Empfangsraum biegt abrupt nach rechts ab und führt dann vorbei an einem schwarzen Fahrstuhl noch eine Weile geradeaus. Nach einer weiteren Kurve, da, wo die Postfächer und Wandtafeln mit Vorlesungs- und Seminarankündigungen befestigt sind, wird er breiter, danach verengt er sich wieder und endet schließlich an der Tür zu einem großen Gemeinschaftsraum.

In diesem Raum treffen sich die Leute vom DAMTP jeden Nachmittag um 16 Uhr zum Tee, die übrige Zeit ist er verlassen und nur spärlich erleuchtet. Lindgrün dominiert.

Nicht nur die Sessel, die um niedrige Tische gruppiert sind, und die Holztäfelungen sind in dieser Farbe gehalten, sondern auch die untere Hälfte der Pfeiler, die eine hohe Decke tragen. Es gibt dort einen Tisch, auf dem sich wissenschaftliche Publikationen stapeln, und an einer Wand hängen Photos von Studenten und Mitarbeitern und feierliche Porträts früherer Inhaber des Lucasischen Lehrstuhls. Am hinteren Ende des Raumes gibt es ein großes Fenster, das einen Blick auf die blanke Ziegelmauer entlang der Einfahrt gewährt und nur wenig Licht hereinläßt. Hawkings Zimmer führt ebenso wie einige andere in diesen Gemeinschaftsraum. An seiner Tür prangt ein kleines Schild: »Bitte leise eintreten, der Boß schläft.« Doch in der Regel ist das falsch. Hawking hat viele, viele Arbeitsstunden an seinem Computer in diesem freundlichen hohen Zimmer verbracht. Neben den Photos von seinen Kindern gibt es hier noch einige Pflanzen und ein lebensgroßes Poster von Marilyn Monroe an der Tür. Stets ist eine seiner Krankenschwestern in der Nähe. Sein einziges übergroßes Fenster gibt den Blick frei auf den Parkplatz. Hawkings Tag beginnt um 11 Uhr. Seine Sekretärin, Sue Masey, spricht den Terminplan mit ihm durch. Den darf man allerdings nicht zu ernst nehmen. Hawking schafft es selten, ihn einzuhalten, und wer eine Verabredung mit ihm hat, sollte sehr flexibel sein.

Der Tag geht weiter mit dem leisen Klicken des Knopfes, den er in seiner Hand hält. Hawking sitzt in seinem Rollstuhl, betrachtet scheinbar teilnahmslos den Bildschirm und klickt Worte an, um mit seinen Besuchern zu sprechen, Kollegen zu konsultieren, Vorlesungen zu schreiben oder Briefe zu beantworten. Manchmal ist das leise Summen seines Rollstuhls zu hören, den er mit Hilfe eines Joysticks durch den Gemeinschaftsraum und die Korridore zu

Besprechungen und Seminaren steuert, stets in Beglei-
tung einer Schwester. Hin und wieder bittet er mit seiner
Computerstimme die Krankenschwester, seine Sitzposi-
tion etwas zu verändern oder Flüssigkeit, die sich in seiner
Atemöffnung angesammelt hat, abzusaugen.

Hawkings Pflegepersonal ist groß, es sind alles kompe-
tente Leute, unterschiedlich alt, Frauen und Männer. Sie
scheinen gern für Hawking zu sorgen. Ihre Aufgabe ist es,
ihn anzuziehen, seine Haare zu kämmen, seine Brille zu
putzen, den Speichel von seinem Kinn abzuwischen und
ihn mehrmals am Tag »sauberzumachen«, wie sie es aus-
drücken. Hawking muß sich damit abfinden, vollkommen
abhängig von anderen zu sein, doch er wirkt keineswegs
hilflos. Er scheint tatkräftig und entschlossen, fühlt sich
offensichtlich noch immer selbst für sein Leben verantwortlich. Seine starke Persönlichkeit macht das Arbeiten
für ihn und mit ihm sowohl lohnend als auch anstrengend.

Um 13 Uhr, ob Regen oder Sonnenschein, lenkt Hawking
seinen mit Computer ausgestatteten Rollstuhl durch die
schmalen Straßen von Cambridge, manchmal nur von
einer Krankenschwester begleitet, manchmal auch von
seinen Studenten, die sich beeilen müssen, um mit ihm
Schritt zu halten. Er unternimmt die kurze Fahrt jeden
Tag, um mit den anderen Mitgliedern des Colleges zu
Mittag zu essen. Dort legt ihm eine Schwester eine Serviette um die Schultern und löffelt ihm Nahrung in den
Mund.

Nach dem Essen kommt die Rückfahrt. Hawking ist be-
rüchtigt für haarsträubende Rollstuhlfahrten. Einige Studenten gehen voraus, um Autos, Lastwagen und Fahrräder
in der King's Parade und Silver Street anzuhalten, bevor
Hawking sich rücksichtslos, stets im Glauben, Vorfahrt zu
haben, den Weg bahnt. Einige seiner Freunde fürchten, er

wird eher von einem Lastwagen zermalmt werden als an der Nervenlähmung sterben.

Um 16 Uhr erscheint Hawking wieder vor seiner lindgrünen Tür. Die Teepause ist ein Ritual am Institut, das den höhlenartigen Raum mit Stimmengewirr und dem Klappern von Teetassen erfüllt. Die meisten der versammelten Physiker und Mathematiker sind nicht anders gekleidet als Bauarbeiter. Jemand hat einmal gesagt, Hawkings »Relativitätsgruppe« sähe aus wie eine Rockgruppe an einem ihrer schlechten Tage. Sie sprechen nicht über gewöhnliche Themen. Bei ihnen geht es um Wurmlöcher, Euklidische Gebiete, skalare Felder und Schwarze Löcher. Gleichungen werden auf die niedrigen Tische gemalt. »Wenn wir sie retten wollen, kopieren wir die Tischplatten«[1], sagt Hawking. Sein trockener Witz bestimmt den Ton in seiner Ecke des Raumes, und viele Studenten finden, daß einige seiner Bemerkungen während der Teepause wertvoller sind als eine Stunde Vorlesung bei anderen. Hawking besitzt tatsächlich die Kunst, sehr, sehr viel in wenige Worte zu packen. Wenn man das, was er sagt, mitschreibt, kann man hinterher genau nachvollziehen, wie präzise er sich ausgedrückt hat.

Um 16.30 Uhr leert sich der Gemeinschaftsraum ebenso schnell, wie er sich füllte, und alle Leuchtstoffröhren bis auf eine verlöschen. Hawking fährt zurück in sein Zimmer, um bis 19 Uhr weiterzuarbeiten. Die Studenten wissen, daß er am späten Nachmittag eher verfügbar ist.

An einigen Abenden ißt Hawking im College oder in einem speziell eingerichteten Transporter, den er von dem Geld gekauft hat, das er mit dem israelischen Wolf-Preis erhalten hat. Er läßt sich dann zu einem Konzert oder ins Theater fahren. Wenn sein Sohn Tim im Schulorchester Cello spielt, geht er ebenfalls hin. Tim ist ein guter Cellist;

in diesem Punkt folgt er dem Beispiel seiner Schwester Lucy.

1990 nahmen die Ehren, mit denen man ihn überschüttete, eine etwas andere Form an. Eines Tages meldete sich jemand bei ihm, der etwas ganz anderes wollte als nur ein Exklusivinterview für irgendeinen Fernsehsender. Ein Vertreter der Firma Stephen Spielbergs überredete ihn, aus »Eine kurze Geschichte der Zeit« einen Film zu machen. Hawkings Arbeitszimmer wurde im Studio nachgebildet, mit einer Wand, die so aussah, als würde sie in das Weltall hinausgehen. Und der Fotograf, der ihn porträtierte, war nicht aus Cambridge oder New York. Es war Francis Giacobetti, der bereits den Papst und Federico Fellini auf Zelluloid gebannt hatte. Jetzt nahmen seine Ausrüstung und seine Assistenten den Gemeinschaftsraum vor Hawkings Tür in Beschlag.

Die Post wurde zu einem unlösbaren Problem für Hawkings Assistenten, seine Sekretärin und für eine der Schwestern, die ihnen dabei hilft. Sie kämpfen wacker, um Briefe, Gedichte und Videobänder aus aller Welt nicht nur mit halben Worten zu beantworten; viele erzählen bewegende Geschichten und bedürfen eigentlich einer persönlichen Erwiderung. Hawkings Helfer haben deshalb ein ziemlich schlechtes Gewissen, wenn sie immer häufiger mit höflichen, vorgedruckten Postkarten antworten müssen. Es würde Hawking seine gesamte Zeit kosten, würde er nur einen Bruchteil der Post selbst bearbeiten.

Wenn man so sehr umschwärmt und umschmeichelt wird, so ist es sicher nicht einfach, sich selbst treu zu bleiben, ungeachtet dessen, wieviel kritische Distanz man zu sich selbst bewahrt hat. Seit einem Vierteljahrhundert versucht Hawking die Leute zu überzeugen, daß er ein ganz normaler Mensch ist wie jeder andere auch. Aber er war zu erfolgreich. Er überzeugte sie, daß er mehr ist. Er hat diesen Eindruck niemals bewußt forciert. Er sagte immer, er lehne es ab, besser oder schlechter behandelt zu werden als andere Menschen. Seine Kritiker jedoch meinen, er tue herzlich wenig, um das Image eines Übermenschen zu zerstören. Aber, um fair zu sein, wer würde das schon tun? Es hat ihm viel Spaß und hohe Auflagen gebracht. Abgesehen davon, was hätte er machen sollen? Wenn er zum Beispiel sagt: »Ich mag es nicht, wenn man von meinem Mut spricht. Ich habe das einzige getan, was mir in meiner Situation möglich war«[2], betrachten das einige als falsche Bescheidenheit und andere als ein weiteres Beispiel seines Heldentums.

Mehr als zuvor engagierte sich Hawking nun für andere Behinderte. In einer Rede auf einer arbeitswissenschaftlichen Konferenz an der University of Southern California im Juni 1990 klang er fast militant: »Es ist unglaublich wichtig, daß man behinderten Kindern ermöglicht, mit anderen, gleichaltrigen Kindern zusammenzusein. Das ist entscheidend für ihr Selbstgefühl. Wie kann man sich als Mitglied der menschlichen Rasse fühlen, wenn man bereits im frühen Alter von ihr getrennt wird? Das ist eine Form der Apartheid.« Er sagte, er sei sehr froh, daß seine Krankheit ihn erst relativ spät getroffen habe, nachdem er als Kind mit gesunden Freunden normal gespielt hatte. Er lobte die Geräte, die ihm halfen. Aber er fuhr fort: »Obgleich Hilfen wie Rollstühle und Computer eine bedeutende Rolle spielen können, um physische Gebrechen zu überwinden, ist die innerliche Einstellung weit wichtiger. Es hat keinen Sinn, die öffentliche Einstellung Behinderten gegenüber zu beklagen. Es ist nun an den Behinderten, die Wahrnehmung der Leute zu ändern, so wie auch Schwarze und Frauen das getan haben.«[3] Selbst Hawkings

214

Kritiker konnten nicht umhin, seine bemerkenswerte Radikalität anzuerkennen.

Während Hawking durch die ganze Welt reiste, Reden hielt, Ehrungen entgegennahm, Pressekonferenzen gab und allgemeine Aufmerksamkeit genoß, blickten seine Freunde in Cambridge mit Verständnis und Freude, aber auch mit wachsender Sorge auf ihr »Superhirn«. Sie gönnten ihm seinen Spaß, aber sie waren auch besorgt um ihn. Würde er an das Image vom »Meister des Universums« schließlich selbst glauben? Würden die Ehrungen die wissenschaftliche Arbeit verdrängen? Wie würde seine Familie darauf reagieren? Würde diese Ehe, die soviel Elend erlebt hatte, auch diese ganz andere Bedrohung überstehen? Die Öffentlichkeit will ihre Helden mit Haut und Haar. Würde Stephen jemals einfach wieder Stephen sein? Es schien sehr unwahrscheinlich.

Jane Hawking machte 1989 in einem Interview eine ominöse Bemerkung: »Ich war immer schon sehr optimistisch, und ich habe Stephen damit angesteckt. Seine Entschlossenheit hat die meine inzwischen weit überholt. Ich komme da nicht mehr mit. Ich glaube, er neigt dazu, seine Behinderung dadurch überzukompensieren, daß er absolut alles tut, was ihm in den Sinn kommt.«[4] Dieses »Alles« ist tatsächlich über alle Maßen gewachsen. Jane Hawking empfand es als einen gewaltigen Sieg, daß er fähig war, zu Hause zu leben und ein fast normales Leben zu führen. Stephen Hawking wollte viel mehr. Ihm standen mehr Türen, mehr Möglichkeiten offen, als er jemals hätte erträumen oder realistisch erhoffen können. Er konnte einfach nicht nein sagen, ganz egal, was sich ihm bot.

Alle diese Aktivitäten, die Schmeicheleien und Ehrungen, entfremdeten ihn von Jane Hawking und den Kindern. Diese führten zunehmend ihr eigenes Leben. Robert und

Lucy kämpften um ihre Unabhängigkeit und versuchten, aus seinem Schatten zu treten. Jane Hawking begleitet ihn immer seltener auf seinen Reisen. Sie sucht Ablenkung in ihrem Beruf, ihrem Garten, in Büchern und Musik, als Mitglied eines ausgezeichneten Cambridger Chores und als Sopransolistin sowie mit Freunden, die ihren religiösen Glauben teilen. Ihre Rolle in Stephen Hawkings Leben hat sich geändert. Ihre Aufgabe war es nach ihrem eigenen Bekunden nun nicht mehr, einen kranken Mann zu unterstützen, sondern »nur noch, ihm zu sagen, daß er nicht Gott ist«.[5]

Fünfundzwanzig Jahre lang hatten Stephen und Jane Hawking alle Probleme offensichtlich hervorragend zusammen gemeistert. Unzählige Male hatte Stephen Hawking diese Beziehung als die Hauptstütze seines Lebens und Erfolges bezeichnet. Die Fernsehsendung »Meister des Universums« 1989 endete mit einem Bild, auf dem beide ihren schlafenden Sohn Tim betrachten, und Hawking sagte: »Mehr kann man eigentlich nicht verlangen.« Das Leben am Rande des Abgrundes schien trotz aller Probleme ein schönes Leben zu sein.

Im Frühjahr 1990 gab es eine Erschütterung, mit der kaum jemand gerechnet hatte. Kurz nach ihrem fünfundzwanzigsten Hochzeitstag trennten sie sich. Außer einer kurzen Presseerklärung im Herbst 1990, daß er seine Frau verlassen habe, aber die Möglichkeit einer Versöhnung nicht ausschließe, haben weder Stephen noch Jane Hawking jemals eine öffentliche Erklärung über ihre Trennung abgegeben. Es wäre unangebracht, hier im Detail darüber zu diskutieren oder zu versuchen, es zu erklären. Als die Nachricht sich langsam herumsprach, reagierten viele seiner Freunde in Cambridge und in der ganzen Welt wie im Angesicht einer Tragödie. Es stimmt natürlich, daß Scheidungen etwas ganz Gewöhnliches in unserer heutigen Welt sind, aber Stephen Hawking und die Ehe der Hawkings schienen ebenso außergewöhnlich.

Hawking hat jedenfalls eine seiner Säulen, auf die er nach eigenem Bekunden aufgebaut hatte, verloren: seine Familie. Steht auch eine andere dieser Säulen, seine wissenschaftliche Arbeit, in Gefahr zusammenzubrechen?

Die Inauguralvorlesung – überarbeitet

Noch immer bezeichnet sich Stephen Hawking als seiner Wissenschaft vollkommen ergeben. Er sagt, er »habe ein geradezu schmerzhaftes Verlangen, dort weiterzumachen«. Ist es noch immer denkbar, daß er jener Physiker ist, der alles zu einer vollständigen einheitlichen Theorie zusammenfügt, ganz wie es die Medien glauben machen wollen?

Einige meinen, daß Hawkings gegenwärtige Arbeit nicht in den erfolgversprechenden Bereich, die Superstring-Theorie, fällt. Doch was erfolgversprechend ist und was nicht, das ändert sich in der Physik über Nacht, und ein Gedanke, der scheinbar außerhalb davon liegt, kann eine Verbindung herstellen, die mehrere Thesen zu einer vollständigen Theorie zusammenführt. Andere sagen, Hawking habe den Höhepunkt seiner Wissenschaftskarriere bereits hinter sich. Gewöhnlich seien es die jungen Leute, die in der theoretischen Physik die großen Entdeckungen machen. Denn dazu brauche man gedankliche Offenheit, Leidenschaft und Aggressivität, vermischt mit einem bestimmten Maß an Naivität. Doch Hawking hat diese Eigenschaften nicht eingebüßt. Es wäre ein großer Fehler, ihn mit einer solchen Begründung nicht mehr ernst zu nehmen.

Wird er lange genug leben? Seine Krankheit schreitet weiter fort, aber sehr langsam. Fürchtet er selbst zu sterben, bevor er seine Arbeit beendet hat? Er antwortet auf solche Fragen, er denke nicht so weit in die Zukunft. Er lebt schon so lange mit der Möglichkeit eines baldigen Todes, daß er sich davor nicht fürchtet. Außerdem ist seine Art der Forschung Teamarbeit, und es gibt genügend andere Physiker, die sie fortführen können. Er hat niemals behauptet, daß er persönlich für das Finden der vollständigen einheitlichen Theorie nötig sei. »Aber ich habe es nicht eilig zu sterben«, fügt er hinzu. »Da gibt es noch eine Menge, was ich vorher tun möchte.«[6]

Im Juni 1990 fragte ich Stephen Hawking, wie er seine Inauguralvorlesung, die er vor zehn Jahren hielt, heute sehen würde. *Ist* das Ende der theoretischen Physik tatsächlich in Sicht? Ja, sagte er, er glaube, es sei so. Aber nicht schon Ende unseres Jahrhunderts. Die aussichtsreichste Kandidatin zur Vereinheitlichung der Kräfte und Teilchen sei nicht mehr die $N = 8$-Supergravitation, über die er damals sprach. Es sei nun die Superstring-Theorie, die als die kleinste Einheit des Universums kleine vibrierende Fäden anstelle punktförmiger Teilchen betrachtet. Die Untersuchung der Superstrings dauere etwas länger. »Geben Sie ihr zwanzig bis fünfundzwanzig Jahre.«

Ich fragte ihn, ob er glaube, sein »Ohne-Grenzen-Vorschlag« würde die Antwort geben auf die Frage: Was sind die Randbedingungen des Universums? Das bejahte er.

Er glaubt, daß Wurmlöcher eine große Bedeutung in der vollständigen einheitlichen Theorie spielen werden. Vermutlich werde wegen dieser Wurmlöcher niemals irgendeine Theorie fähig sein, die fundamentalen Konstanten im

Universum, wie die Teilchenladungen und -massen, vorauszusagen.

Und was ist, wenn jemand die vollständige einheitliche Theorie findet? Nach Hawking wird die Beschäftigung mit der theoretischen Physik danach so wie das Bergsteigen sein, nachdem der Mount Everest bestiegen wurde. Aber Hawking meint auch, daß das dann nur ein Anfang wäre, denn obwohl die vollständige einheitliche Theorie uns sagen würde, wie das Universum funktioniert und warum es so ist, wie es ist – sie würde uns nicht sagen, warum es überhaupt existiert. Es handelte sich dann lediglich um eine Menge von Regeln und Gleichungen. Das läuft auf die bereits vorher erwähnten Fragen hinaus: »Wer bläst den Gleichungen den Odem ein und erschafft ihnen ein Universum, das sie beschreiben können? Warum muß sich das Universum all dem Ungemach der Existenz unterziehen?«[7] Diese Fragen, so sagt er, kann die Wissenschaft, können mathematische Modelle nicht beantworten.

Solche Fragen beschäftigen nicht nur Wissenschaftler, sondern alle Menschen. Hawking wüßte auch gerne die Antwort. »Wenn ich das wüßte, würde ich alles wissen, was von Bedeutung ist.«[8] In »Eine kurze Geschichte der Zeit« heißt es: ». . . dann würden wir Gottes Plan kennen.«[9] Aber er äußerte in einem Fernsehinterview auch: »Ich bin nicht gerade optimistisch, daß wir jemals herausfinden werden, warum das Universum existiert.«[10] Was ihn allerdings weniger beschäftigt, ist die Frage, ob wir, um die Gedanken Gottes kennenzulernen, die vollständige einheitliche Theorie finden müssen oder ob es, wie Jane Hawking meint, noch einen anderen Weg gibt, Gott nahezukommen.

Währenddessen geht das leise Klicken in dem Arbeitszimmer in der Silver Street weiter, die Worte auf dem Computerschirm flackern der Reihe nach auf, von links nach rechts, von oben nach unten. Die synthetische Stimme spricht sie präzise aus, Assistenten, Schwestern und Kollegen gehen ein und aus. Jeden Tag um 16 Uhr werden wieder die Tassen in Reih und Glied wie eine Spielzeugarmee auf dem Tisch im Gemeinschaftsraum aufgestellt. Frühere Inhaber des Lucasischen Lehrstuhls für Mathematik blicken auf die geschäftige kleine »Rockgruppe an einem ihrer schlechten Tage«, wie sie ihren Tee schlürft und sich in ihrer eigenen mathematischen Sprache unterhält. Die Gestalt in ihrer Mitte sieht über alle Maßen mitleiderregend aus, wie eine jener Puppen, die Kinder in England aus alten Kleidern basteln und in der Guy-Fawkes-Nacht in die Freudenfeuer werfen. Er hat eine Serviette umgebunden, und eine Schwester hält seinen Kopf nach vorn, so daß er seinen Tee aus der Tasse trinken kann, die sie ihm vors Kinn hält. Sein Haar ist zerzaust, sein Mund schlaff, und seine Augen blicken müde über die Brille, die ihm ein wenig über die Nase gerutscht ist. Aber es genügt eine respektlose witzige Bemerkung seiner Assistenten, und sein Gesicht verzieht sich zu einem Lächeln, das das Universum erhellt.

Wie auch immer diese ungewöhnliche, paradoxe Geschichte ausgehen mag – die Hoffnung ist berechtigt, daß eines Tages ein Künstler Hawkings Lächeln für sein Porträt einfangen wird, jenes Porträt, das an dem noch leeren Platz im Gemeinschaftsraum, an der Wand neben seiner Zimmertür hängen wird. Bis dahin wird das kleine Schild weiter die Unwahrheit sagen. Der Boß schläft nicht.

Quellenangaben

2. Kapitel

1 Richard Feynman, *QED: The Strange Theory of Light and Matter,* Princeton 1985, S. 4.
2 Stephen W. Hawking, *Eine kurze Geschichte der Zeit. Die Suche nach der Urkraft des Universums,* Reinbek bei Hamburg 1988, S. 23.
3 Ebenda, S. 23 f.
4 *Professor Hawking's Universe,* Sendung der BBC, 1983.
5 Stephen W. Hawking, *Eine kurze Geschichte der Zeit,* S. 217.
6 John A. Wheeler, unveröffentlichtes Gedicht.
7 Feynman, *QED,* S. 128.
8 Stephen W. Hawking, *Is the End in Sight for Theoretical Physics?,* Inauguralvorlesung April 1980 (dt.: *Anfang oder Ende?,* Paderborn 1991, S. 41).
9 Stephen W. Hawking, *Is Everything Determined?,* unveröffentlicht, 1990.
10 Bryan Appleyard, »Master of the Universe: Will Stephen Hawking Live to Find the Secret?« in: *The Sunday Times,* London, 19. Juni 1988.
11 Murray Gell-Mann, Vorlesung.

3. Kapitel

1 Mit Ausnahme der eigens angegebenen stammen alle Zitate im dritten Kapitel aus den zwei unveröffentlichten Artikeln

von Stephen Hawking, *A Short History* und *My Experience with Motor Neurone Disease.*

2 Michael Harwood, »The Universe and Dr. Hawking«, in: *New York Times Magazine,* 23. Januar 1983, S. 53. Copyright © 1983 by The New York Times Company; Abdruck mit freundl. Genehmigung.

3 Ebenda

4 Ebenda

5 Ebenda

6 *Master of the Universe: Stephen Hawking,* Sendung der BBC, 1989.

7 Stephen W. Hawking, *Eine kurze Geschichte der Zeit,* S. 71.

8 Jane Hawking, Interview mit der Autorin, Cambridge, April 1991.

9 Bryan Appleyard, »Master of the Universe«, a.a.O.

10 *20/20,* ABC-Fernsehsendung 1989.

4. Kapitel

1 Stephen Hawking, *A Short History,* S. 4.

2 *20/20,* ABC-Fernsehsendung 1989.

3 Bob Sipchen, »The Sky No Limit in the Career of Stephen Hawking«, in: *The West Australian,* Perth, 16. Juni 1990.

4 Bryan Appleyard, »Master of the Universe«, a.a.O.

5 John Boslough, *Jenseits des Ereignishorizonts. Stephen Hawking's Universum,* Reinbek bei Hamburg 1985, S. 125.

6 Stephen W. Hawking, *Eine kurze Geschichte der Zeit,* S. 52.

7 Bryce S. DeWitt, »Quantum Gravity«, in: *Scientific American* 249, Dezember 1983, S. 114.

8 Stephen W. Hawking, *Eine kurze Geschichte der Zeit,* S. 62.

9 Stephen Hawking, Dissertation.

5. Kapitel

1 Stephen W. Hawking, *Eine kurze Geschichte der Zeit,* S. 129.

2 Ebenda, S. 135.

3 Stephen Hawking, Interview mit der Autorin, Cambridge, Dezember 1989.

4 Stephen W. Hawking, *Eine kurze Geschichte der Zeit,* S. 140.

5 John Boslough, *Jenseits des Ereignishorizonts,* S. 81.

6 Ebenda, S. 70.

7 Ebenda, S. 82.

8 Ellen Walton, »Brief History of Hard Times«, in: *The Guardian,* 9. August 1989.

9 *Master of the Universe: Stephen Hawking,* Sendung der BBC 1989.

10 *20/20,* ABC-Fernsehsendung 1989.

11 Michael Harwood, »The Universe and Dr. Hawking«, in: *New York Times Magazine,* 23. Januar 1983, S. 53.

12 *Master of the Universe: Stephen Hawking,* Sendung der BBC 1989.

13 Hawking hatte gesagt: »Wenn es kein Schwarzes Loch wäre, wäre das wirklich sehr exotisch!«

14 *Master of the Universe: Stephen Hawking,* Sendung der BBC 1989.

15 Bryan Appleyard, »Master of the Universe«, a.a.O.

16 *Master of the Universe: Stephen Hawking,* Sendung der BBC 1989.

6. Kapitel

1 Ellen Walton, »Brief History of Hard Times«, a.a.O.

2 Ebenda

3 Ebenda

4 *Master of the Universe: Stephen Hawking,* Sendung der BBC 1989.

5 Jane Hawking, Interview mit der Autorin, Cambridge, April 1991.

6 Ebenda

7 Michael Harwood, »The Universe and Dr. Hawking«, a.a.O.

8 Ebenda, S. 19.

9 John Boslough, *Jenseits des Ereignishorizonts,* S. 117.

10 Ebenda, S. 119.

11 Ebenda, S. 124.

12 Stephen W. Hawking, *Eine kurze Geschichte der Zeit,* S. 169.

7. Kapitel

1 Stephen W. Hawking, »The Edge of Spacetime«, in: Paul C. W. Davies, *The New Physics,* Cambridge 1989, S. 67.

2 Ebenda

3 Ebenda, S. 68.

4 Ebenda

5 Ebenda

6 Jerry Adler, Gerald Lubenov und Maggie Malone, »Reading God's Mind«, in: *Newsweek,* 13. Juni 1988, S. 59.

7 Stephen Hawking, *A Short History,* S. 6.

8 *Master of the Universe: Stephen Hawking,* Sendung der BBC 1989.

9 Don N. Page, »Hawking's Timely Story«, in: *Nature* 332, 21. April 1988, S. 743.

10 Stephen W. Hawking, *Eine kurze Geschichte der Zeit,* S. 217.

11 Ebenda, S. 218.

8. Kapitel

1 Stephen W. Hawking, »A Brief History of ›A Brief History‹«, in: *Popular Science,* August 1989, S. 70.

2 Ellen Walton, »Brief History of Hard Times«, a.a.O.

3 Ebenda

4 Ebenda

5 Stephen W. Hawking, *My Experience with Motor Neurone Disease,* unveröffentlicht, S. 1.

6 Stephen W. Hawking, *Eine kurze Geschichte der Zeit,* S. 9.

7 Stephen W. Hawking, »A Brief History of ›A Brief History‹«, S. 72.

8   Ebenda
9   *20/20,* ABC-Fernsehsendung 1989.

9. Kapitel

1   Ellen Walton, »Brief History of Hard Times«, a.a.O.
2   *20/20,* ABC-Fernsehsendung 1989.
3   Ebenda
4   Ebenda
5   *20/20,* ABC-Fernsehsendung 1989.
6   Ellen Walton, »Brief History of Hard Times«, a.a.O.
7   *20/20,* ABC-Fernsehsendung 1989.
8   Stephen W. Hawking, Interview mit der Autorin, Cambridge, Dezember 1989.
9   Ebenda
10 Ebenda
11 David H. Freedman, »Maker of Worlds«, in: *Discover,* Juli 1990, S. 49.
12 M. Mitchell Waldrop, »The Quantum Wave Function of the Universe«, in: *Science* 242, 2. Dezember 1988, S. 1248.
13 Stephen W. Hawking, Interview mit der Autorin, Cambridge, Dezember 1989.
14 Stephen W. Hawking, *Black Holes and Their Children, Baby Universes,* unveröffentlicht, S. 7.
15 Ebenda, a. S. 6

10. Kapitel

1   Dennis Overbye, »The Wizard of Space and Time«, in: *Omni,* Februar 1979, S. 45.
2   *20/20,* ABC-Fernsehsendung 1989.
3   Bob Sipchen, »The Sky No Limit in the Career of Stephen Hawking«, a.a.O.
4   *Master of the Universe: Stephen Hawking,* Sendung der BBC 1989.

5 Bryan Appleyard, »Master of the Universe«, a.a.O.
6 Bob Sipchen, »The Sky No Limit in the Career of Stephen Hawking«, a.a.O.
7 Stephen W. Hawking, *Eine kurze Geschichte der Zeit,* S. 217.
8 M. Mitchell Waldrop, »The Quantum Wave Function of the Universe«, S. 1250.
9 Stephen W. Hawking, *Eine kurze Geschichte der Zeit,* S. 218.
10 *Master of the Universe: Stephen Hawking,* Sendung der BBC 1989.

Glossar

Anfangsbedingungen: Die Randbedingungen am Beginn des Universums, bevor jegliche Zeit vergangen war.

Antimaterie: Materie, die aus Antiteilchen besteht.

Antiteilchen: Für jeden Teilchentyp existiert ein Antiteilchen mit entgegengesetzten Eigenschaften, etwa mit umgekehrter elektrischer Ladung. Zum Beispiel hat das Elektron eine negative, sein Antiteilchen, das Positron, eine positive elektrische Ladung. (Es existieren weitere Kriterien, die jedoch in diesem Buch nicht angesprochen werden.) Die Antiteilchen des Photons und des Gravitons sind identisch mit den entsprechenden Teilchen.

Atomkern: Der zentrale Teil eines Atoms, der von Protonen und Neutronen (die wiederum aus Quarks bestehen) gebildet wird. Der Kern wird durch die starke Kraft zusammengehalten.

Beliebiges Element: Etwas, das von keiner Theorie vorausgesagt wird, sondern experimentell bestimmt werden muß. Zum Beispiel könnte ein Außerirdischer, der unser Universum niemals gesehen hat, mit keiner unserer heutigen Theorien herausfinden, welche Massen und Ladungen die Elementarteilchen haben. Denn diese gehören zu den beliebigen Elementen in den Theorien.

Bosonen: Teilchen mit ganzzahligem Spin. Die Botenteilchen der Kräfte (Gluonen, W^+, W^-, Z^o, Photonen und Gravitonen) sind Bosonen.

Einsteins Allgemeine Relativitätstheorie (1915): Theorie, welche die Gravitation als Krümmung der vierdimensionalen Raumzeit, hervorgerufen durch die Anwesenheit von Masse oder Energie, erklärt. Sie beinhaltet eine Gleichung, mit der man

227

für jede gegebene Masse oder Energie berechnen kann, wie stark die von ihr hervorgerufene Krümmung ist. Es ist dies die Theorie, mit der wir üblicherweise die Gravitation auf dem Niveau des sehr Großen beschreiben.

Einsteins Spezielle Relativitätstheorie (1905): Einsteins neue Sicht von Raum und Zeit. Die Theorie besagt, daß die Gesetze der Wissenschaft für alle Beobachter gleich sind, unabhängig davon, wie schnell sie sich bewegen. Das heißt, auch die Lichtgeschwindigkeit ist eine Konstante, die von der Geschwindigkeit des Beobachters, der sie bestimmt, nicht beeinflußt wird.

Elektromagnetische Kraft: Eine der vier Grundkräfte der Natur. Sie bewirkt, daß die Elektronen um die Atomkerne kreisen. In den Größenordnungen unserer Erfahrungswelt zeigt sie sich als Licht und in Form anderer elektromagnetischer Strahlungen, etwa als Radiowellen, Mikrowellen, Röntgenstrahlen und Gammastrahlen. Das Botenteilchen der elektromagnetischen Kraft ist das Photon.

Elektromagnetische Strahlung: Alle Arten der Strahlung des elektromagnetischen Spektrums wie Radiowellen, Mikrowellen, sichtbares Licht, Röntgen- und Gammastrahlen. Alle elektromagnetischen Strahlen bestehen aus Photonen.

Elektromagnetische Wechselwirkung: Wechselwirkung, bei der ein Elektron ein Photon emittiert und ein anderes Elektron dieses absorbiert.

Elektroschwache Theorie: Theorie, die 1960 von Abdus Salam am Imperial College in London und von Steven Weinberg und Sheldon Glashow in Harvard entwickelt wurde. Sie vereinheitlicht die elektromagnetische Kraft mit der schwachen Kraft.

Elementarteilchen: Teilchen, von dem wir glauben, daß es nicht aus etwas noch Kleinerem besteht, daß man es also nicht mehr teilen kann.

Energieerhaltungssatz: Jenes physikalische Gesetz, das besagt, daß Energie (oder ihr Äquivalent in Masse) weder erzeugt noch zerstört werden kann.

Entropie: Das Maß der Unordnung in einem System. Der Zweite

Hauptsatz der Thermodynamik besagt, daß die Entropie stets wächst, niemals kleiner wird. Das heißt, die Ordnung in einem Universum als Ganzem oder in irgendeinem isolierten System kann niemals größer werden.

Ereignis: Punkt in der Raumzeit, charakterisiert durch seine Lage in Raum und Zeit, wie in einem Raumzeit-Diagramm.

Ereignishorizont: Die Grenze eines Schwarzen Loches; der Radius, bei dem die *Fluchtgeschwindigkeit* größer wird als die Lichtgeschwindigkeit. Er ist gekennzeichnet durch schwebende Photonen, die (sich mit Lichtgeschwindigkeit bewegend) das Schwarze Loch nicht verlassen können, aber auch nicht hineinstürzen. Um den Radius des Ereignishorizonts zu berechnen, multipliziert man die Masse des Schwarzen Lochs (sie ist identisch mit der Masse des Sterns, aus dessen Kollaps es entstanden ist, es sei denn, der Stern hat am Beginn des Kollapses Masse verloren), gemessen in Sonnenmassen, mit drei. Auf diese Art erhält man das Ergebnis in Kilometern. So hat ein zehn Sonnenmassen schweres Schwarzes Loch einen Ereignishorizont mit einem Radius von 30 Kilometern. Wenn sich die Masse eines Schwarzen Loches verändert, ändern sich also auch der Radius seines Ereignishorizontes und seine Größe.

Fermion: Teilchen gewöhnlicher Materie (die Teilchen eines Atoms wie Elektronen, Neutronen und Protonen) gehören zu einer Klasse von Teilchen, die wir Fermionen nennen. Alle Fermionen tauschen Botenteilchen aus. Gemäß einer mehr wissenschaftlichen Definition ist ein Fermion ein Teilchen mit halbzahligem Spin, das dem Pauliprinzip folgt.

Fluchtgeschwindigkeit: Die Geschwindigkeit, die nötig ist, um der Anziehungskraft eines schweren Körpers wie der Erde zu entkommen. Die Fluchtgeschwindigkeit der Erde beträgt etwa 11 Kilometer pro Sekunde. Die Fluchtgeschwindigkeit eines Schwarzen Loches ist etwas größer als die Lichtgeschwindigkeit.

Frühes Schwarzes Loch: Kleines Schwarzes Loch, das nicht durch den Kollaps eines Sterns entstanden ist, sondern durch das Zusammenpressen von Materie in einem sehr frühen

Stadium des Universums. Nach Hawking haben die interessantesten von ihnen die Größe eines Atomkerns und eine Masse von etwa einer Milliarde Tonnen.

Gammastrahlen: Elektromagnetische Strahlung sehr kurzer Wellenlänge.

Gluon: Botenteilchen, das die starke Kraft von einem Quark zum anderen überträgt und dafür sorgt, daß die Quarks der Protonen und Neutronen im Atomkern zusammenhalten. Auch zwischen den Gluonen gibt es eine Wechselwirkung.

Gravitation: Siehe Gravitationskraft.

Gravitationskraft: Die schwächste der vier Grundkräfte der Natur. Die Gravitation ist stets anziehend, niemals abstoßend und kann über extrem weite Entfernungen wirken.

Gravitationsradius: Photonen, die sich im Gravitationsfeld eines Schwarzen Loches innerhalb dieses Radius befinden, können nicht hinaus in den Weltraum gelangen. Man kann sich den Gravitationsradius so wie den Ereignishorizont vorstellen, obwohl die beiden Begriffe unterschiedlich verwendet werden. Um diesen Radius zu berechnen, multipliziert man die Sonnenmassen des Schwarzen Loches mit drei. Auf diese Art erhält man das Ergebnis in Kilometern. So hat ein zehn Sonnenmassen schweres Schwarzes Loch einen Gravitationsradius von 30 Kilometern.

Graviton: Botenteilchen, das die Gravitationskraft zwischen allen anderen Teilchen im Universum, einschließlich der Gravitonen selbst, vermittelt. Bisher wurde noch nie ein Graviton direkt beobachtet.

Hawking-Strahlung: Strahlung, die aufgrund von Quanteneffekten von einem Schwarzen Loch produziert wird. Man kann sich das etwa so vorstellen, daß im Bereich des Ereignishorizontes eines Schwarzen Loches virtuelle Teilchenpaare auftreten, von denen eines der beiden Teilchen in das Schwarze Loch fällt und dadurch die Flucht des anderen ermöglicht.

Helium: Das zweitleichteste chemische Element. Der Kern des Heliumatoms besteht aus zwei Protonen und entweder ein oder zwei Neutronen. Er wird von zwei Elektronen umkreist.

Imaginäre Zahlen: Zahlen, deren Quadrat negativ ist. So ist das

Quadrat der imaginären Zwei minus vier, und die Quadratwurzel aus minus neun ist die imaginäre Drei.

Imaginäre Zeit: Zeit, die mit Hilfe von imaginären Zahlen gemessen wird.

Keine-Grenzen-Vorschlag: Die Idee, daß das Universum endlich ist, aber (in der imaginären Zeit) keine Grenzen besitzt.

Kosmologie: Die Beschäftigung mit dem sehr Großen und dem Universum als Ganzem.

Kosmologische Konstante: Albert Einstein führte zum Ausgleich der Gravitation eine »kosmologische Konstante« in seine Allgemeine Relativitätstheorie ein. Ohne diese Konstante sagt die Allgemeine Relativitätstheorie voraus, daß das Universum entweder expandieren oder kollabieren müsse. Doch Einstein hielt beides für unmöglich. Später bezeichnete er dies als »den größten Bock meines Lebens«. Heute verwenden wir diesen Begriff zur Bezeichnung der Energiedichte des Vakuums.

Kräfte der Natur: Die vier Grundarten, wie Teilchen aufeinander wirken können. Es sind, abnehmend geordnet nach Stärke, die starke Kraft, die schwache Kraft, die elektromagnetische Kraft und die Gravitationskraft.

Krümmung der Raumzeit: Nach Einsteins Allgemeiner Relativitätstheorie wird diese Krümmung durch die Verteilung von Masse oder Energie hervorgerufen, vergleichbar dem Verziehen, Verbeulen und Eindellen einer elastischen Oberfläche durch schwere Kugeln mit unterschiedlichen Gewichten und Größen.

Mikrowellenstrahlung: Elektromagnetische Strahlung, deren Wellenlänge größer ist als die des sichtbaren Lichtes und kleiner als die von Radiowellen. Mikrowellen bestehen wie alle Strahlung im elektromagnetischen Spektrum aus Photonen. Die Mikrowellenstrahlung, die im Universum nachgewiesen wurde, der sogenannte Mikrowellenhintergrund, unterstützt die Urknalltheorie.

$N = 8$-Supergravitation: Theorie, die versucht, alle Teilchen, sowohl Bosonen als auch Fermionen, in einer supersymmetrischen Familie zu vereinheitlichen, ebenso wie alle Kräfte.

Über diese Theorie sprach Hawking 1980 in seiner Inauguralvorlesung, als er äußerte, sie könnte sich als vollständige einheitliche Theorie erweisen.

Neutron: Eines der Teilchen, die den Atomkern bilden. Neutronen haben keine elektrische Ladung. Jedes Neutron besteht aus drei kleineren Teilchen, sogenannten Quarks.

Newtons Gravitationstheorie: Jeder Körper im Universum wird von jedem anderen durch eine Kraft angezogen, die um so stärker ist, je massiver die Körper sind und je näher sie beieinander sind. Präziser ausgedrückt: Körper ziehen einander mit einer Kraft an, die proportional zu ihren Massen und indirekt proportional zum Quadrat des Abstandes zwischen ihnen ist.

Photon: Botenteilchen der elektromagnetischen Kraft. In der Größenordnung unserer Erfahrungswelt zeigen sich die Photonen als Licht oder in Form einer anderen Strahlung des elektromagnetischen Spektrums wie Radiowellen, Mikrowellen, Röntgenstrahlen und Gammastrahlen. Photonen haben keine Masse und bewegen sich mit Lichtgeschwindigkeit.

Positron: Antiteilchen des Elektrons. Es hat eine positive elektrische Ladung.

Proton: Eines der Teilchen, die den Atomkern bilden. Protonen haben eine positive elektrische Ladung. Jedes Proton besteht aus drei kleineren Teilchen, sogenannten Quarks.

Pulsar: Neutronenstern, der sich sehr schnell – manchmal bis zu tausendmal pro Sekunde – dreht und dabei regelmäßige Radiowellenimpulse aussendet.

Quantenfluktuation: Das ständige Auftauchen und Verschwinden von virtuellen Teilchen in einem Raum, der unserer Vorstellung nach leer ist (Vakuum).

Quantenmechanik oder Quantentheorie: In den zwanziger Jahren entwickelte Theorie, die wir benutzen, um das sehr Kleine, für gewöhnlich Dinge von der Größe eines Atoms oder kleiner, zu beschreiben. Nach dieser Theorie können Licht, Röntgenstrahlen und andere Strahlen nur in bestimmten »Paketen«, sogenannten Quanten, emittiert oder absorbiert werden. Zum Beispiel erscheint das Licht in Quanten, die man als

Photonen bezeichnet, und kann nicht in noch kleinere »Pakete« zerlegt werden. Es gibt also kein halbes oder dreiviertel Photon. In der Quantentheorie ist die Energie »quantisiert«. Die Theorie beinhaltet die Unschärferelation.

Quantenwurmlöcher: Ein Wurmloch von unvorstellbar kleiner Dimension. Siehe auch Wurmloch.

Quarks: Elementarteilchen (das heißt, sie können nicht noch weiter geteilt werden), die zu dritt ein Proton oder ein Neutron bilden. Quarks können sich auch zu Zweiergruppen (ein Quark und ein Antiquark) verbinden. Sie bilden dann Teilchen, die man als Mesonen bezeichnet.

Radioaktivität: Spontaner Zerfall von Atomkernen.

Radiowellen: Elektromagnetische Wellen, deren Länge größer ist als die des sichtbaren Lichtes. Radiowellen bestehen wie alle Strahlung im elektromagnetischen Spektrum aus Photonen.

Radius: Die kürzeste Entfernung vom Mittelpunkt eines Kreises oder einer Kugel bis zum Umfang beziehungsweise bis zur Oberfläche.

Randbedingungen: Was ein Universum war in dem Moment, als es begann, bevor jegliche Zeit vergangen war; auch was es an jedem anderen »Rand« ist, zum Beispiel am Ende des Universums oder im Mittelpunkt eines Schwarzen Loches.

Raumzeit: Kombination der drei Dimensionen des Raumes und einer Zeitdimension.

Renormierung: Methode, um Unendlichkeiten in einer Theorie zu entfernen. Dabei werden neue Unendlichkeiten eingeführt, um die gegebenen Unendlichkeiten aufzuheben.

Schwache Kraft: Eine der vier Grundkräfte der Natur. Die Botenteilchen (Bosonen) der schwachen Kraft sind die W^+, W^- und Z^0. Die schwache Kraft ist für die Radioaktivität verantwortlich, die wir als Beta-Zerfall des Atomkerns bezeichnen.

Schwarzes Loch: Ein Gebiet der Raumzeit in Form einer Kugel (oder einer etwas ausgebeulten Kugel im Falle eines rotierenden Schwarzen Loches), das von einem entfernten Beobachter nicht gesehen werden kann, weil die Gravitation dort so stark ist, daß kein Licht (oder sonst irgend etwas) von dort entweichen kann. Schwarze Löcher können sich beim Kollaps eines schweren Sterns bilden. Hawking zeigte, daß ein Schwarzes Loch doch Energie ausstrahlt und nicht völlig »schwarz« sein muß. Siehe auch *Frühes Schwarzes Loch.*

Singularität: Punkt in der Raumzeit, an dem die Krümmung der Raumzeit unendlich wird, ein Punkt unendlicher Dichte. Einige Theorien besagen, daß wir es im Zentrum eines Schwarzen Loches oder am Beginn oder Ende des Universums mit einer Singularität zu tun haben.

Sonnenmasse: Masse, die gleich ist der Masse unserer Sonne.

Starke Kraft: Die stärkste der vier Grundkräfte der Natur. Sie hält zum Beispiel die Quarks in den Neutronen und Protonen zusammen und ist verantwortlich für die Verbindung von Protonen und Neutronen im Atomkern. Das Botenteilchen (Boson) der starken Kraft ist das Gluon.

Supernova: Gewaltige Explosion eines Sterns, bei der, mit Ausnahme des inneren Kerns, dessen gesamte Masse ins All geschleudert wird. Das herausgeschleuderte Material einer Supernova bildet den Grundstoff für neue Sterne und Planeten.

Superstringtheorie: Theorie, wonach die fundamentalen Objekte im Universum nicht punktförmige Teilchen, sondern kleine Fäden oder Ringe sind. Diese Theorie ist ein aussichtsreicher Kandidat für die Vereinheitlichung von Teilchen und Kräften.

Teilchenpaare: Paare von Teilchen, die überall im Vakuum zu allen Zeiten erzeugt werden. Normalerweise sind es virtuelle Teilchen, extrem kurzlebig und nur indirekt durch ihre Wirkung auf andere Teilchen beobachtbar. Innerhalb von Bruchteilen einer Sekunde müssen sich die Teilchen finden, um einander wieder zu vernichten.

Theorie des inflationären Universums: Theorie, wonach das frühe Universum eine kurze Periode extrem starker Ausdehnung durchlaufen hatte.

Unschärferelation: Ein Teilchen kann nicht zum gleichen Zeitpunkt sowohl eine bestimmte Position als auch eine bestimmte Geschwindigkeit besitzen. Je präziser man eine der Größen mißt, desto unpräziser wird die Messung der anderen. Ähnlich kann man nicht gleichzeitig die Feldstärke und die

Änderungsgeschwindigkeit eines Feldes präzise messen. Es gibt noch weitere Größenpaare, bei denen dieses Problem ebenfalls auftritt. Die Unschärferelation (auch Unbestimmtheitsprinzip) wurde von dem deutschen Physiker Werner Heisenberg entdeckt und ist deshalb auch als Heisenbergsche Unschärferelation bekannt.

Urknallsingularität: Eine Singularität am Anfang des Universums.

Urknalltheorie: Die Theorie, die aussagt, daß sich das Universum am Anfang in einem Zustand extremer Dichte und enormen Drucks befand, dann explodierte und sich ausdehnte, bis es seinen heutigen Zustand erreicht hatte.

Vereinheitlichte Theorie: Theorie, die alle vier Kräfte als verschiedene Entäußerungen einer »Superkraft« erklärt und ebenfalls sowohl Fermionen als auch Bosonen zu einer einzigen Familie vereint.

Virtuelles Teilchen: In der Quantenmechanik ein Teilchen, das niemals direkt nachgewiesen werden kann, von dessen Existenz wir jedoch durch die Messung seiner Wirkung auf andere Teilchen wissen.

Vollständige einheitliche Theorie: Die Theorie, die das Universum erklärt und alles, was in ihm geschieht.

W^+, W^-, Z^o: Die Botenteilchen (Bosonen) der schwachen Kraft.

Wasserstoff: Das leichteste chemische Element. Der Kern des gewöhnlichen Wasserstoffes besteht aus nur einem Proton. Er wird von einem einzigen Elektron umkreist. Wasserstoff fusioniert im Inneren der Sterne zu Helium.

Wurmloch: Loch oder Tunnel in der Raumzeit, das in einem anderen Universum oder in einem anderen Teil (oder einer anderen Zeit) unseres Universums endet.

Zweiter Hauptsatz der Thermodynamik: Er besagt, daß die Entropie, der Betrag der Unordnung in einem isolierten System, nur zunehmen, niemals kleiner werden kann.

Literatur- und Quellenverzeichnis

Bryan Appleyard, »Master of the Universe: Will Stephen Hawking Live to Find the Secret?« in: *The Sunday Times*, London. 19. Juni 1988.

John Boslough, *Beyond the Black Hole: Stephen Hawking's Universe,* Glasgow 1984. (Dt.: Jenseits des Ereignishorizonts. Stephen Hawking's Universum, Reinbek bei Hamburg 1985.)

–, »Inside the Mind of a Genius«, in: *Reader's Digest,* Februar 1984, S. 119–123.

Father John Catoir, »Power behind Creation«, in: *The Beacon,* 22. März 1990, S. 17.

Eric Chaisson, *Relatively Speaking: Relativity, Black Holes, and the Fate of the Universe,* New York 1988.

Sidney Coleman, Telephoninterview mit der Autorin, Juli 1990.

Paul C. W. Davies, *God and the New Physics,* New York 1983.

–, »The New Physics: A Synthesis«, in: *The New Physics,* herausgegeben von Paul C. W. Davies, Cambridge 1989.

Bryce S. DeWitt, »Quantum Gravity«, in: *Scientific American,* 249, Dezember 1983, S. 112–129.

–, Telephoninterview mit der Autorin, September 1990.

James E. Dodd, *The Ideas of Particle Physics: An Introduction for Scientists,* Cambridge 1984 (korrigierte Neuauflage, 1988).

Richard P. Feynmann, *QED: The Strange Theory of Light and Matter,* Princeton 1985.

Daniel Z. Freedman und Peter van Nieuwenhuizen, »Supergravity and the Unification of the Laws of Physics«, in: *Scientific American,* Februar 1978, S. 226–243.

David H. Freedman, »Maker of Worlds«, in: *Discover,* Juli 1990, S. 46–52.

John L. Friedman, »Back to the Future«, in: *Nature,* 336, 24. Nov. 1988, S. 305–6.

John Gribbin, *In Search of the Big Bang,* London 1986.

Jules P. Halpern, »Black Holes in the Balance«, in: *Nature,* 344, 19. April 1990, S. 713f.

Michael Harwood, »The Universe and Dr. Hawking«, in: *The New York Times Magazine,* 23. Jan. 1983, S. 53ff.

Stephen W. Hawking, *»A Brief History of ›A Brief History‹«,* in: *Popular Science,* August 1989, S. 70–72.

–, *A Brief History of Time: From the Big Bang to Black Holes.* New York: Bantam, 1988 (Dt.: *Eine kurze Geschichte der Zeit. Die Suche nach der Urkraft des Universums,* Reinbek bei Hamburg 1988.)

–, »A Short History«, unveröffentlicht, undatiert.

–, »Baby Universes II«, in: *Modern Physics Letters* A, 5, 7, 1990, S. 453–466.

–, »Black Holes and Their Children, Baby Universes«, unveröffentlicht, undatiert.

–, »The Edge of Spacetime«, in: *The New Physics,* herausgegeben von Paul C. W. Davies, Cambridge 1989.

–, Interviews mit der Autorin, Cambridge, Dezember 1989 und Juni 1990.

–, »Is Everything Determined?«, unveröffentlicht, 1990.

–, »Is the End in Sight for Theoretical Physics?«, Inaugural lecture as Lucasian Professor of Mathematics, April 1980. (Dt.: *Anfang oder Ende? Inauguralvorlesung,* Paderborn 1991.)

–, »My Experience with Motor Neurone Disease«, unveröffentlicht, undatiert.

–, »The Quantum Mechanics of Black Holes«, in: *Scientific American,* Januar 1977, S. 34–40.

–, »Wormholes in Spacetime«, unveröffentlicht, August 1987.

Chris Isham, »Quantum Gravity«, in: *The New Physics,* herausgegeben von Paul C. W. Davies, Cambridge 1989.

Leon Jaroff, »Roaming the Cosmos«, in: *Time,* 8. Februar 1988, S. 58–60.

Malcolm Longair, »The New Astrophysics«, in: *The New Physics,* herausgegeben von Paul C. W. Davies, Cambridge 1989.

John Maddox, »The Big ›Big Bang‹ Book«, in: *Nature,* 336, 17. Nov. 1988, S. 267.

Master of the Universe: Stephen Hawking, Sendung der BBC 1989.

Charles W. Misner, Kip S. Thorne und John Archibald Wheeler, *Gravitation,* San Francisco 1970.

Richard C. Morais, »Genius Unbound«, in: *Forbes,* 23. März 1987, S. 142.

Ian Moss, »A SQUID's Loss of Coherence«, in: *Nature,* 343, 8. Februar 1990, S. 515.

–, »Wormholes in Space-time«, in: *Nature,* 330, 19. Nov. 1987, S. 210.

Dennis Overbye, »The Wizard of Space and Time«, in: *Omni,* Februar 1979, S. 45–107.

Don N. Page, »Hawking's Timely Story«, in: *Nature,* 332, 21. April 1988, S. 742–743.

Professor Hawking's Universe, Sendung der BBC 1983.

Tony Rogers, »Stephen Hawking: A Man and His Universe«, in: *Richmond Times-Dispatch,* 10. Juni 1990.

Abdus Salam, »Overview of Particle Physics«, in: *The New Physics,* herausgegeben von Paul C. W. Davies, Cambridge 1989.

Matthew Siegel, »Wolf Foundation Honors Hawking and Penrose for Work on Relativity«, in: *Physics Today,* Januar 1989, S. 97–98.

Bob Sipchen, »The Sky No Limit in the Career of Stephen Hawking«, in: *The West Australian* (Perth), 16. Juni 1990.

A. A. Starobinskii und Ya. B. Zel'dovich, »Quantum Effects in Cosmology«, in: *Nature,* 331, 25. Februar 1988, S. 673f.

»Stephen Hawking – Mastering the Universe«, ABC News, *20/20,* Fernsehsendung 1989.

M. Mitchell Waldrop, »The Quantum Wave Function of the Universe«, in: *Science,* 242, 2. Dez. 1988, S. 1248–1250.

Ellen Walton, »Brief History of Hard Times«, in: *The Guardian,* 9. Aug. 1989.

John Archibald Wheeler, »Behind It All«, unveröffentlichtes Gedicht.

–, Interview mit der Autorin, Hightstown, N. J., und New York, N. Y., Juni 1989.

–, *Journey into Gravity and Spacetime,* New York 1990.

Clifford Will, »The Renaissance of General Relativity«, in: *The New Physics,* herausgegeben von Paul C. W. Davies, Cambridge 1989.

Personen- und Sachregister

Peter A. Bucky · Allan G. Weakland

Der private Albert Einstein

304 Seiten, gebunden, mit Schutzumschlag

Einstein war nicht nur Physiker – er sah die Naturwissenschaft eingebunden in Philosophie und Ethik. »Wissenschaftliche Größe ist im wesentlichen eine Charakterfrage.« Nach dieser Maxime lebte und wirkte er – und dieses Leben und Wirken machten ihn zu einer der Kultfiguren unseres Jahrhunderts.
Über den Physiker Einstein wissen wir nahezu alles. Wir kennen ihn auch als Briefpartner bedeutender Persönlichkeiten, als politischen Mahner, als Philosophen. Nur wenig wissen wir jedoch über den Menschen Albert Einstein. Peter A. Bucky bringt uns den privaten Albert Einstein näher: als Ehemann und Familienvater, als Freund und Geschäftspartner, als hintergründigen Humoristen und nachdenklichen Melancholiker. Und wir erfahren aus erster Hand, was Einstein beispielsweise über den Nationalsozialismus, über Amerika und über die Atombombe dachte. Peter A. Bucky zeichnet aufgrund der umfangreichen Aufzeichnungen seines Vaters, der Einstein jahrzehntelang als enger Freund und persönlicher Arzt begleitet hat, in diesem Buch das Bild des Menschen Albert Einstein – ein anrührendes Bild eines Wissenschaftlers, der stark an den Konflikten seiner Zeit litt. Unveröffentlichte Briefe, Originaldokumente sowie Fotos runden das Bild des unbekannten Albert Einstein ab.

ECON Verlag · Postfach 30 03 21 · 4000 Düsseldorf 30